U0335905

解码自控力

人生成功与幸福的秘密

郑毓煌　张明明　著

机械工业出版社
CHINA MACHINE PRESS

如何成功减肥？如何避免拖延症？如何帮助孩子摆脱手机等电子产品的危害？如何平衡工作和生活？……以上任何一个问题的解决，都需要人类最重要的能力之一：自控力。本书是自控力领域的集大成之作，不仅涵盖了作者二十余年的自控力研究精华，而且还包括了过去几十年里全球自控力领域的主要研究成果，详细介绍了自控力背后的科学原理，并提供了科学有效的自控力提升策略及大量生动有趣的自控力提升案例。本书通俗易懂，适合想了解自控力、提升自控力或研究自控力的人士，以及想帮助孩子提升自控力的家长阅读。

正如作者所言，本书将帮助你提升自控力，并适度享乐，从而拥有一个平衡而美好的人生。

图书在版编目（CIP）数据

解码自控力：人生成功与幸福的秘密 / 郑毓煌，张明明著.—北京：机械工业出版社，2024.7（2024.7重印）

ISBN 978-7-111-75887-7

Ⅰ.①解⋯　Ⅱ.①郑⋯　②张⋯　Ⅲ.①自我控制–通俗读物　Ⅳ.①B842.6-49

中国国家版本馆CIP数据核字（2024）第101948号

机械工业出版社（北京市百万庄大街22号　邮政编码100037）
策划编辑：朱鹤楼　　　　　　责任编辑：朱鹤楼　侯振锋
责任校对：郑　雪　李　婷　　责任印制：张　博
北京联兴盛业印刷股份有限公司印刷
2024年7月第1版第2次印刷
155mm×230mm·16印张·2插页·144千字
标准书号：ISBN 978-7-111-75887-7
定价：79.00元

电话服务　　　　　　　　　　网络服务
客服电话：010-88361066　　机 工 官 网：www.cmpbook.com
　　　　　010-88379833　　机 工 官 博：weibo.com/cmp1952
　　　　　010-68326294　　金 书 网：www.golden-book.com
封底无防伪标均为盗版　　机工教育服务网：www.cmpedu.com

推荐语

　　自控力是成功的关键。清华大学郑毓煌教授的新书《解码自控力》不仅详细描述了自控力背后的科学原理，而且还提供了我们每个人在日常生活中都可以用到的许多自控力策略。阅读这本书不仅能帮助你提高自控力，也会让你喜欢上这本书。

—— 苏尼尔·古普塔（Sunil Gupta），
哈佛商学院 Edward W. Carter 讲席教授

　　从立雄心壮志到实现梦想，古训让我们自律、慎独、克己复礼。清华大学郑毓煌教授的《解码自控力》一书应用现代行为科学研究，为我们的古训提供了一个全新的、实操性非常强的诠释。增强自控力并不需要头悬梁、锥刺股，有很多可行的窍门。你要是缺乏自控力的话，一定要读这本书。你要是有充分自控力的话，当然也会读这本书。

—— 张忠，沃顿商学院 Tsai Wan-Tsai
讲席教授

自控力与成功和幸福息息相关，但很多人却缺乏自控力。那么，究竟该如何提高自控力？清华大学郑毓煌教授研究自控力20多年，是国内自控力研究领域的领先者。他的新书《解码自控力》不仅有全球自控力研究领域的各个经典研究成果，也有他自己多年的研究成果，相信这本书能够帮助许多人提高自控力，拥有更美好的事业和更幸福的生活。

——张娟娟，麻省理工学院（MIT）斯隆管理学院
John D.C.Little 讲席教授

人生并不自由。我们时刻需要与挫折、困苦、诱惑、欲望、惰性搏斗，以让我们平稳地走在人生的路上。这里，一个重要的心理品质就是我们的自控力。郑毓煌教授虽然身在清华大学经管学院，却以心理学家的视角洞悉人性。展现在大家面前的这本《解码自控力》，从现象到机理到运用到提升，通俗易懂、生动有趣地介绍了自控力，引导读者认识自己、认识人性。相信我，阅读这本书将是一次奇妙的体验和收获之旅。

——周晓林，中国心理学会原理事长
华东师范大学心理与认知科学学院院长
教育部高等学校心理学类专业教学指导委员会主任委员

自控力是进化选择出来的人的适应机制。将自控力发挥到极致的人，学习成绩更好，事业成就更大，自我尊严更高，人

际关系更和谐，甚至更智慧！戒生定，定生慧，诚不我欺。如果你希望提高自控力，清华大学郑毓煌教授的新书《解码自控力》值得一读。

——彭凯平，清华大学社会科学学院原院长、
清华大学心理学系教授

大量研究证明，自律与自控是成功的基石与幸福的保障。自律的人常自带光芒，充满能量；自控的人亦无惧风雨，少有彷徨。自律与自控既是天生禀赋，也可后天培养。如果你希望自己能成为令人羡慕和钦佩的有自控力的人，那就去阅读郑毓煌先生的新作《解码自控力》吧！你定会在其中挖掘自己的潜能，找到前行的方向。

——张红霞，北京大学光华管理学院
教授、博士生导师

清华大学郑毓煌教授的新书《解码自控力》深入探讨了自控力的重要性及其对个人成功和幸福的影响，并结合科学研究和实用策略，帮助读者理解并提升自控力。书中不仅有丰富的理论和案例分析，还有作者亲身经验的分享，是每位渴望自我提升和实现目标的读者的必备指南。

——俞敏洪，新东方创始人

自控力是所有人都关心的话题，但如果一味地自我约束和鞭策，则失去了生活的乐趣和意义，反而会造成伤害。所以，看看清华大学郑毓煌教授的新书《解码自控力》中关于自控力的学术研究成果，就会对自控力有切合实际的认识，这是对自己负责的行为。

——樊登，帆书 APP 创始人

天赋有高低，努力无极限。在我的篮球职业生涯中，我始终以祖国的荣誉和团队的荣誉来激励自己，因此即使在我膝盖严重受伤的情况下，我仍然坚持尽最大努力，也只有这样，才能带动每一个队员都去拼搏，才能成功带领八一队七次夺得 CBA 总冠军，我认为，一个人能否做到努力坚持，最重要的就是自控力。如果你希望提高自己的自控力，实现自己的人生目标，清华大学郑毓煌教授的新书《解码自控力》不可不读！

——刘玉栋，中国篮球名人堂成员、
七次获得 CBA 总冠军的"战神"

一个人要想实现目标，就需要自控力。以我自己为例，尽管我在 1975 年就被双腿截肢，但为了实现攀登珠峰的目标，我坚持几十年如一日地锻炼，终于在 2018 年 69 岁时登上了珠峰。我的体会是无论你的目标是什么，只要你坚持自律和不懈地努力，就一定可以实现目标！清华大学郑毓煌教授的新书

《解码自控力》提供了很多提高自控力的策略，值得每一个对提高自控力感兴趣的人阅读。

——夏伯渝，中国第一个双腿截肢登上珠峰的人

很多人都问我，如何能够在十年时间里坚持徒步 8.1 万公里，走遍全中国？答案其实就是自律、坚持和承诺自己的梦想，也就是自控力。自控力是每个人通往成功路上不可或缺的武器。如果你希望提高自控力，我推荐你阅读清华大学郑毓煌教授的新书《解码自控力》。这本书不仅写到了自控力的科学原理和提高自控力的诸多策略，还有许多精彩的案例，因此我强烈推荐这本书。

——雷殿生，十年徒步 8.1 万公里走遍全中国的"当代徐霞客"

是什么支撑着我行走了 80 多个国家？是什么支撑着我三次登顶珠峰？是内心对梦想的执着与追求！而实现这些目标的关键所在就是自控力！拥有强大的自控力，是一个人通往成功的核心！懂得自控，才能收获美好人生、达到内心的持久愉悦，并感受到真正的自由！如果你对获得强大的自控力感兴趣，我推荐你阅读清华大学郑毓煌教授的新书《解码自控力》。这本书融合了诸多的理论研究与精彩的实际案例，一定会帮助你实现自己的美好愿望！

——汝志刚，三次登顶珠峰的勇士、"中国当代徐霞客"

人获得自由与幸福的关键要素，是拥有良好的自控力。遗憾的是，人总会受制于自身欲望或外在条件，无法有效地左右自己的行为。自控力是什么？如何拥有自控力？郑教授《解码自控力》这本书，给出了精彩的答案。

———刘大铭，工信部海外高层次人才、

十二届宁夏政协委员

中国首位坐在轮椅上考入世界 50 强大学的留学生

前　言

人人都需要自控力

前一阵子，我连续在外地出差，回到北京家里时称了一下体重，天呐，我的体重竟然增长了 8 斤！

为什么？出差在外时，各地的企业家学生都请我吃各种大餐，而且出差时我也没空锻炼，体重就这样飙升了。

回想一下过去几个月，其实我都没有好好地锻炼。我的自行车已满是灰尘，前后胎也都没气了，上一次骑自行车，还是几个月前。

我家的阳台上也有一些运动器械，但我也是好几个月没碰它们了。事实上，这些运动器械不仅浪费了钱，也占用了宝贵的阳台空间，有时竟成为晾衣服的架子，真是莫大的讽刺。

你家是否也如此？

尽管你知道读书的重要性并买了不少书，但一年下来却没读完几本，很多新书甚至都没拆塑封膜？

尽管你知道节食对减肥的重要性，但一年下来却控制不住自己的嘴，吃了太多的大餐、甜点或零食，体重根本没减下来？

尽管你知道锻炼对健康的重要性，也去健身俱乐部花钱办了年卡，但第一个月的新鲜劲儿过了后，一年也没去几次？

尽管你知道沉迷手机或电子游戏的危害，但却无法控制自己，经常玩手机或电子游戏到半夜？

尽管你知道节约的重要性，但一年下来你的花费还是超过了预算，经常经不住诱惑买了不少促销却没什么用的商品？

尽管你年初制订新年计划时信心满满，但到年底时却发现，很多计划都没有实现？

……

如果你对以上至少一个问题的回答是肯定的，那么你和大多数人一样，并没有太高的自控力。比如新年计划，很多人会说，"我今年的目标是：完成去年那些本该在前年完成的，在大前年就信誓旦旦要完成的大大前年制定的目标……"

很多成功者告诉我们，只有自我控制的人生，才是成功的人生。例如，即使已经 93 岁高龄，"现代营销学之父"菲利普·科特勒（Philip Kotler）的自控力仍然高得惊人。2019 年，菲利普·科特勒应邀来华访问，我有幸现场听了他的演讲，并和他一起吃饭交流。那时，我才知道，当时 88 岁高龄的他竟然坚持每天早晨 5 点起床，并在早晨就亲自处理好每天收到的上百封电子邮件。而且，他每次出门都带着三张纸，折叠好放在口袋中。每当碰到有趣的点子、有价值的观点，他就随时记下来。每天晚上回到家后，他都会抽时间把这些内容输入计算机，并对这些信息进行评论和归纳。他不仅在工作上五十年如一日地努力，业余时间还坚持锻炼，每天都要游泳一小时。正是这样的超高自控力，使得今年已经93岁的菲利普·科特勒成就非凡：迄今为止，他一共出版了59本营销学和其他相关学科的著作；他是美国市场营销协会（American Marketing Association，简称 AMA）杰出营销教育家奖的首位获奖者，还被美国市场营销协会学术成员推选为营销思想的领袖，并在2014年入选世界营销名人堂；他不仅通过读书获得过麻省理工学院的博士学位，还因为其职业生涯的杰出成就获得了22个荣誉博士学位！

其实，几乎所有成功人士都有极高的自控力。以商界的企业家为例。很多人都有早起的困难，但是成功的企业家几乎都能坚持早起。苹果公司首席执行官蒂姆·库克（Tim Cook）早上4点就起床，公司员工会在4点半收到他的电子邮件，每日如此。蒂姆·库克也坚持每天锻炼，会在5点钟准时出现在健身房。星巴克公司创始人霍华德·舒尔茨（Howard Schultz）早上4点半起床，吃早餐的同时还能高效率地看完三份报纸，保证在6点前赶到办公室。他开玩笑地说："我觉得幸运的是，我并不需要太多睡眠，所以我有很多时间可以用。"连续20多年蝉联香港首富的李嘉诚已经95岁高龄了，却依然保持着早起的习惯：无论睡得多晚，第二天早晨 6 点一定会准时起床，然后听新闻，打一个半小时高尔夫球，然后在 8 点前准时到办公室工作。类似的例子举不胜举。

这些商界成功人士的生活习惯告诉我们一个道理——要想获得持续的成功，自控力是多么重要。其实，除了学术界和企业界，其他各行各业的人要想获得成功，也都需要强大的自控力。再以体育界为例，已故的 NBA 著名球星科比·布莱恩特（Kobe Bryant）也是一个拥有超强自控力的人。科比的天赋并非最高（不是当年的选秀状元），但他对篮球的无比热爱和超强自控力使他成了一个传奇。科比每天都会早早起床，进行高强度的训练，他那句著名的话"你见过凌晨四点的洛杉矶吗？"正是其超强自控力的体现。

如果你希望提高自己的自控力，那么请你阅读本书。或者，如果你已经有非常强的自控力，不再需要提高自控力，但却对自控力背后的科学原理感兴趣，那么也请你阅读本书。我们将在本书里为大家介绍自控力领域的诸多研究成果。

很多人都以为我是一个营销学者，认为我的研究对象一定是企业。其实，在市场营销学科里，最大的研究领域是消费者心理和行为，研究对象是消费者，研究方法是心理学里的实验法。这一点其实很好理解。毕竟，在企业的营销实践中，洞察顾客至关重要。消费者究竟如何进行决策？消费者的决策究竟有什么规律？如果连这些都不知道，企业又如何能做好营销呢？在过去几十年里，大量的行为经济学、消费者心理和行为学等领域的研究者对此进行了研究，有些研究成果还获得了诺贝尔经济学奖。例如，2002 年，普林斯顿大学的心理学家丹尼尔·卡尼曼（Daniel Kahneman）教授就因为他"把心理学研究和经济学研究结合在一起，特别是与在不确定状况下的决策制定有关的研究"而荣获诺贝尔经济学奖。2017 年，芝加哥大学商学院行为决策研究中心主任理查德·塞勒（Richard Thaler）教授，也由于他在心理账户理论等消费者行为学和行为经济学上的重大贡献而荣获诺贝尔经济学奖。

在哥伦比亚大学商学院攻读市场营销专业的博士学位时，我的研究领域就是消费者行为学。自控力是消费者行为相关的一个非常有意思又非常重要的话题，正好我的博士论文研究的主题就是消费者的自控力。在回到清华大学任教后，自控力也一直是我研究的重要领域之一，我指导多位博士生一起完成了两个关于自控力的国家自然科学基金项目，其中一个项目结题时还被国家自然科学基金委员会结项评估为"优"。因此，我一直有一个愿望，即把国内外自控力领域的众多优秀研究成果写到一本书中，以传播给更多人，帮助他们提高自控力，从而让他们在工作和生活中过得更好。

知易行难，行胜于言。事实上，写这本书也是对我自身自控力的一个考验。尽管我早想写这本书，但却由于各种原因多年来一直没有行动。2023 年 9 月 1 日，我发起了一个付费社群"成长圈",目前已有上千人加入。"成长圈"的主题是读书和锻炼,这两件事情都是不容易坚持的,因此同学们在"成长圈"里互相鼓励、互相监督,以帮助彼此更好地坚持读书和锻炼。由于我是发起者,自然要起到带头和表率作用。于是,2023年10月23日,当天正好是重阳节,我在"成长圈"里公开立了个目标:我要花2个月时间完成大约10万字的书稿。之后,我每天坚持写书,进展迅速。当然,也有间断的时候,其中由于生病和工作繁忙,有20天没有写书。我要感谢"成长圈"里的每一个朋友,是他们持续的鼓励和监督,帮助我提高了自控力,从而继续坚持写书。

在许多朋友的帮助和支持下,我终于按时完成了书稿,并根据编辑的修改意见进行了多次润色,最终交稿给了出版社。在这里,首先,我要感谢我在哥伦比亚大学商学院读博士时的导师冉·凯维兹(Ran Kivetz)教授。正是他手把手的指导,带我走进了消费者行为研究的大门,指导我进行了自控力的博士论文研究,后来我的博士论文发表在全球心理学顶级期刊《实验心理学学报》(*Journal of Experimental Psychology: General*)上。其次,我要感谢国家自然科学基金的资助和学术界各位同仁的支持。这本书是我获得的两个国家自然科学基金项目"消费者面对享乐品和实用品两难选择时的自我控制:决策过程、影响因素及营销应用"(项目号:70972027)与"物理环境和社会环境对消费者自我控制和亲社会行为的影响研究"（项目号：71272027）的研究成果，其中第二个项目在结题时还获评"优"。再次，我要感谢张明明博士和蒋昆熠的帮助，她们帮我整理了大量自控力研究领域的经典文献，为这本书的最终完稿做出了重要贡献。张明明博士还参与撰写了本书第十章。最后，我要感谢机械工业出版社陈海娟、朱鹤楼和光尘文化慕云五、马海宽、上官小倍、罗洁馨等同仁的大力支持，让本书以最快的速度出版上市，以帮助千千万万对自控力感兴趣的人。

接下来，就让我们一起开启神秘的自控力之旅吧！

郑毓煌

哥伦比亚大学博士

清华大学博士生导师

2024 年 3 月于清华园

扫描关注微信公众号"郑毓煌"，即可加入书友群并与作者郑毓煌教授交流互动。

目　录

第一章

棉花糖实验：
自控力与成功

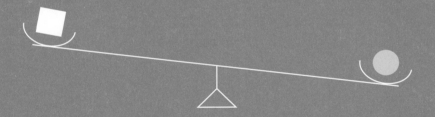

棉花糖实验

在自控力研究领域，最著名的实验当属沃尔特·米歇尔（Walter Mischel）教授的"棉花糖实验"。沃尔特·米歇尔是美国著名心理学家、哥伦比亚大学心理学系讲席教授，也是大名鼎鼎的自控力研究大师。他 1930 年出生于奥地利维也纳，他的家离著名心理学家西格蒙德·弗洛伊德（Sigmund Freud）的家很近，因此他从小就受到弗洛伊德的影响，后来果然也成为 20 世纪最伟大的心理学家之一。他一共发表了数百篇学术论文，并当选为美国国家科学院院士和美国艺术与科学院院士。1978 年，沃尔特·米歇尔教授荣获美国心理学会（American Psychological Association，简称 APA）颁发的"杰出科学贡献奖"，并在 1982 年再获该殊荣。2002 年出版的《普通心理学评论》（*Review of General Psychology*），将沃尔特·米歇尔教授列为 20 世纪 25 位被引用最多的心理学家之一，与西格蒙德·弗洛伊德、亚布拉罕·H.马斯洛（Abraham H. Maslow）、卡尔·古斯塔夫·荣格（Carl Gustav Jung）和伊万·P.巴甫洛夫（Ivan P. Pavlov）等著名心理学家并列。

20世纪60年代，沃尔特·米歇尔教授在斯坦福大学任教时，进行了著名的棉花糖实验。棉花糖实验发现，儿童的自我控制表现与成年后生活是否幸福及事业是否成功之间具有非常强的相关性。该实验引起了学术界对自控力的极大兴趣，也由此带来了许多有关自控力的研究论文和书籍的出版。2015年，沃尔特·米歇尔教授出版了《棉花糖实验》（*The Marshmallow Test*）一书，立刻成为年度畅销书并被翻译成多种语言。《棉花糖实验》中文版于2016年在中国大陆出版，并在2023年以《延迟满足》的新书名再版。正是由于在自控力研究领域开山鼻祖般的贡献以及棉花糖实验的巨大影响力，沃尔特·米歇尔教授后来被誉为"棉花糖实验之父"。著名心理学家、诺贝尔经济学奖得主、《思考，快与慢》（*Thinking，Fast and Slow*）作者丹尼尔·卡尼曼教授这样评价沃尔特·米歇尔教授和他的研究："棉花糖实验的诸多发现已经成为心理学史上极具洞见的研究成果。"2018年9月12日，沃尔特·米歇尔教授在家中病逝，享年88岁。

那么，究竟什么是著名的棉花糖实验呢？当时，开展了一系列有关自控力实验的沃尔特·米歇尔教授，对斯坦福大学附属幼儿园550名学龄前儿童进行了一项实验。研究人员把小朋友们按顺序叫到一个个单独的小房间，每个房间中摆着一张桌子、一把椅子，桌上的盘子里放着棉花糖。研究人员让每个小朋友只拿一颗棉花糖，并告诉小朋友，可以现在就吃掉，也可以等20分钟后研究人员回到房间的时候再吃。如果选择后者，小朋友可以得到第二颗棉花糖。如果等不下去，小朋友可以随时摇响桌上的铃铛，然后吃掉手里的棉花糖，但不会得到第二颗棉花糖。

对于学龄前儿童而言，这是一个很艰难的挑战。在短期即时享乐目标（立刻吃掉一颗棉花糖）和获得更大回报的长远目标（等待20分钟，获得第二颗棉花糖）之间，孩子们究竟会选择哪一个？这考验的其实就是孩子们的自控力。

实验证明，只有少数孩子选择等待第二颗棉花糖。研究人员通过监控仔细观察了那些等待第二颗棉花糖的孩子：他们曾试图按下桌铃，想立刻吃掉棉花糖但却又努力抵制着诱惑。他们的行为展示了在自控力方面的巨大潜力。这些孩子，也就是能成功进行延迟满足的孩子大约只占30%。

棉花糖实验并非只进行了20分钟。不可思议的是，沃尔特·米歇尔教授在接下来数十年时间里跟踪研究了这些参加实验的孩子，记录了他们成年后在学业、工作和生活中的表现。那些自控力高的被试（愿意等待20分钟以得到第二颗棉花糖的孩子），他们后来参加美国大学入学考试（SAT）的成绩明显比那些自控力低的被试（选择吃掉第一颗棉花糖，而不愿意等待 20 分钟以获得第二颗棉花糖的孩子）更高。除了在学业上的优异表现外，这些自控力高的被试在青春期的认知能力和社交能力也更强。到了 27~32 岁这个年龄段，这些自控力高的被试体重指数更低，自我价值感更好，能更有效地追求自己的目标，有更好的适应能力，并且能更积极地应对沮丧和压力等负面情绪。中年时，这些自控力高的被试往往也拥有更成功的事业和更美满的家庭。

自控力影响孩子的未来

棉花糖实验引起了世界范围的广泛关注，多个国家都进行了重复实验，实验结果都很类似。2011 年，特里·E. 莫菲特（Terrie E. Moffitt）及其同事将他们在过去几十年里进行的重复实验的研究成果发表在《美国科学院院报》（*Proceedings of the National Academy of Sciences*，简称 PNAS）上。他们在几十年前收集了 1 000 多名在新西兰出生的 10 岁儿童的信息，包括是否有攻击性、多动、缺乏耐力、粗心、冲动等行为，并请教师、父母通过观察对其进行真实的评估。几十年之后，在这些儿童长大到 32 岁时，研究人员调查了他们的个人情况，包括健康状况（是否有药物依赖、肥胖、高血压、高胆固醇等）、经济状况（收入水平、储蓄习惯、信用问题、经济依赖等）以及是否有犯罪等反社会行为。结果发现，童年时期自控力差的孩子，成年后的生活状态较为负面：健康状况差、经济问题缠身以及犯罪率较高等。

自控力或者延迟满足能力是天生的吗？自控力可以在后天习得吗？棉花糖实验的目的究竟是什么呢？"棉花糖实验之父"沃尔特·米歇尔教授曾说："我和我的学生设计这个实验，并不是为了测试孩子们的表现是否优秀，而是为了弄清楚，如果他们想要延迟满足，是什么促使他们做到的。"沃尔特·米歇尔教授认为，如果那些促进或影响自控力的因素可以被确认，那么就可以被用来帮助那些延迟满足困难的人，使得他们在这方面变得更好。找到促进或破坏自控力的条件，以期帮助更多人，这就是棉花糖实验的初心。

沃尔特·米歇尔教授后来总结，在棉花糖实验中，成功延迟满足的孩子主要运用了三大自控力策略：分心策略、抽象化策略和冷静聚焦策略。实验中，有的孩子用手捂住眼睛或者是完全将头转向别的地方，以避免看到棉花糖；或者把桌上的铃铛和盘子推到桌子边沿，使之尽量远离自己；或者闭上眼睛试图睡觉。这些都是分心策略。分心策略成功地让孩子们延迟了按铃时间。此外，研究者发现抽象化策略也非常有效——给孩子们看诱惑物的图片而不是真实的诱惑物，等待就会变得容易许多。最后一种策略叫作冷静聚焦策略，该策略更加关注诱惑物抽象性、认知性、信息性方面的特征，提示孩子们去想象这个物品。

棉花糖实验说明，在人生早期，加强自控力训练可以帮助孩子们提升延迟满足能力，不仅可能激发他们的潜能，更可能帮他们实现人生的许多重要目标。

棉花糖实验还发现，虽然大多数做到延迟满足的孩子成年后都保持着较强的自控力，不过也有少部分的剧情反转。有一些成功延迟满足的孩子随着年龄的增长，自控力却慢慢减弱。相反，有些无法延迟满足的孩子，随着年龄的增长、心智的成熟，自控力却一点点增强。

因此，棉花糖实验说明，人生并不是完全由先天和基因决定，自控力并非一种永恒不变的天赋。人们可以通过专门的训练提高自控力，掌握自我控制技能，抑制冲动情绪，从而积极主动地掌控和扮演自己的人生角色。

棉花糖实验背后的道理，还告诉我们自控力对成功的重要性。很多人抱怨命运的不公，觉得自己没有一个好的家庭背景，或者没有好的天赋条件，因此没法成功。其实，这是在给自己的不努力找借口。已故篮球运动员、NBA 明星科比·布莱恩特说："你见过凌晨四点的洛杉矶吗？"几乎所有成功人士都有一个共同点——他们都是高自控力的人。如果没有高自控力，他们就不会去坚持努力，而坚持努力是成功的必要条件。从这个意义上来说，高自控力也是成功的必要条件。

自控力与幸福人生

自控力不但可以让人生更成功，还会影响生活中的许多方面，包括人际关系、情绪调节、睡眠质量、网络成瘾、冲动消费、违纪犯罪等。

1. 人际关系

自控力会影响人际关系吗？当然。试想，如果你易怒，会有好的人际关系吗？即使是家人之间，很多时候争吵并没有实质意义，甚至是为了争吵而争吵。这时候，只要有任何一方自控力高一些，控制住情绪，争吵可能就化解了。

自控力高的人更容易赢得别人的信任。一个经常酗酒的人和一个无不良生活嗜好的人，谁更会被信任？自控力是人们普遍使用的信任线索，大多数人都倾向于信任自控力高的人，而对于自控力低的人则更多采取保守的回应。这种现象源于信任者的一种普遍预期，即认为高自控力的人更信守承诺。自控力作为一种积极的心理品质，无疑对个体可靠性的评价具有促进作用，在日常生活中，自律的人更让人觉得可靠。

2. 情绪调节

自控力还会影响人们的情绪调节。高自控力的人能够更容易地调节不好的情绪，如愤怒、压力、焦虑、孤独等。同样，高自控力的人通常也有较好的情绪稳定性和情绪应对能力。

反过来，情绪也会影响人们的自控力。研究发现，低落的情绪容易导致人们进行自我放任，因为在情绪低落的情况下，人们希望"修补"自己的情绪。例如，人们往往在心情郁闷时更想抽烟、喝酒、吃零食、玩电子游戏等。

不过，负罪感和懊悔这两种特别的消极情绪则有助于提高人们的自控力。例如，一位女性减肥人士面对一块美味且高热量的巧克力蛋糕时，如果能想象一下自己吃掉蛋糕之后体重超重的负罪感或者懊悔，那么她大概率就会提高自控力而不吃蛋糕。

3. 睡眠质量

睡眠质量对我们每个人都非常重要，与身心健康有直接关系。睡眠质量差会导致抑郁、焦虑等心理问题。今天，越来越多的人深夜在手机上玩社交媒体、电子游戏、刷短视频，迟迟不愿入睡。其实，就寝拖延就是自控力低的表现。很多人并不是不愿意上床睡觉，而是因为不愿意放弃其他高吸引力的活动。自控力低的人难以割舍这些刺激，一再推迟入睡时间。因此，自控力低会导致更差的睡眠质量。

不但成年人如此，大学生和中小学生也很难抵御娱乐信息的诱惑。低自控力的学生往往由于拖延就寝时间，导致无法按时起床、上课时困乏倦怠、容易走神、精力不足、记忆力减退等。此外，睡眠不足也容易导致烦躁、易怒、抑郁、焦虑等负面情绪。而这些负面情绪又会进一步降低自控力，形成恶性循环。

4. 网络成瘾

互联网为人们的生活带来便利的同时，也带来了严重的弊端。人们对互联网的依赖程度日渐严重，并引发了一些社会性问题，特别是青少年容易沉迷于互联网，严重影响学业和健康成长。

研究表明，网瘾与自控力低显著相关。面对虚拟世界的刺激和诱惑，高自控力的人能够理性控制自己使用互联网，不会沉溺其中；低自控力的人则容易沉溺其中而无法自拔，甚至作为逃避现实的途径。网瘾者的生活质量非常低，特别是青少年，不仅严重影响学习，还会损害身心健康，甚至容易导致异常行为和带来各种心理问题。

5. 冲动消费

生活中有不少购物上瘾的人，即容易冲动消费。购物行为可以产生短暂的快感或陶醉，而一旦形成了习惯便会成瘾，导致人们无法控制自己。这种冲动消费，网络语言称之为"剁手"。

自控力低的人更容易冲动消费，消费后又往往会后悔和自责。经常冲动消费就容易导致过度消费，并进一步导致个人财务上的失衡，甚至最后要靠网贷平台借贷来维持生活。借贷又会带来高额利息，而一旦无法及时偿还又会造成诚信问题甚至出现违法行为，这对个人、家庭和社会都产生了恶劣的影响。

6. 违纪犯罪

尽管违纪犯罪似乎离我们大多数人很远，但事实上违纪犯罪的人相当多。根据中国共产党十九届中央纪律检查委员会向中国共产党第二十次全国代表大会做的工作报告，仅二十大之前的五年时间里，全国纪检监察机关共接收信访举报1695.6万件次，其中检举控告类734.4万件次，处置问题线索831.6万件。其中，光是反腐败案件，全国纪检监察机关就一共立案306.6万件，处分299.2万人。

那么，什么样的人容易违纪犯罪？显然，低自控力的人更有可能。与具有高自控力的人相比,低自控力的人具有冲动性、情绪性、冒险、思考问题简单化、目光短浅等特点,他们更容易被短期利益迷惑,产生违纪犯罪行为。事实上,人在本质上都有追求个人利益而忽略他人利益的倾向,都存在违纪犯罪的潜在可能。违纪犯罪行为的出现是偶然的、一刹那的事情,并非是一个理性决策的过程,特别是青少年违纪犯罪。因此,提高自控力可以使人更加关注长期利益,从而远离违纪犯罪。

关于青少年违纪犯罪,研究发现自控力不足是主要原因。低自控力的青少年在学校里表现较差,往往导致逃课、不遵守纪律等。他们很难克制自己的欲望,容易做出一些不应该做的事情,这些决策往往会给个体、家庭和社会带来危害。

总结一下,自控力是人类独有的能力,与诸多人类行为相关。研究发现,良好的自控力几乎与所有积极和健康的生活事件相关,较差的自控力则是肥胖、拖延、药物滥用和购物成瘾等诸多个人和社会问题的症结所在。因此,不论是孩子还是成年人,我们都要积极地提高自控力,掌握生活的主动权,拥抱更美好的人生!

刘大铭：身患绝症考入全球名校的中国人

2023 年暑假、国庆节和 2024 年寒假，我在北京举办了多期 "读书改变命运——与清北名师 & 学霸面对面" 夏 / 冬令营，并在开营仪式上都邀请了身患绝症的刘大铭来做演讲。他坐在轮椅上的演讲震撼了现场的每一位学生和家长。

刘大铭 1994 年出生于甘肃兰州，幼年由于基因突变，罹患成骨不全症（俗称瓷娃娃症），从而导致他特别容易骨折，发育也受到很大影响。18 岁之前，他就经历了 9 次骨折和十几次大型手术，两次与死神擦肩而过。至今，刘大铭的身高只有1.4 米，体重只有 20 多公斤。

很多人不知道瓷娃娃症有多可怕。患者的骨头像玻璃一样脆弱，只要受到外力轻微作用就可能反复骨折，不能奔跑、不能行走，甚至不能站立，是名副其实的 "玻璃人"。

14 岁那年，刘大铭做了两次非常痛苦的腿部手术。当时，他的每条腿骨都被截成 8 段，然后再拼接起来。除了胸口和脚踝，刘大铭身体的其他部位都被石膏包裹，他在床上躺了 180多天。而且，除了腿部的问题，刘大铭严重的脊柱侧弯也对内脏造成了极大的压迫，进食会吐，呼吸受阻。呼吸和吞咽是我们每个普通人都习以为常的基本功能，然而对刘大铭而言，这却都是命运的恩赐。刘大铭说："那时候的我每天都感觉痛、痒、热、无能，除了忍受，没有任何办法。"

2011 年，刘大铭的脊柱形变为 S 状，心肺功能受损，胃部被挤成了细条状。他每天都要忍受巨大的痛苦，但从未间断学习。当时，躺在病床上的刘大铭立下了三个心愿：第一，做手术矫正自己的脊柱，像正常人那样活下去；第二，出版一本自传，为他人传递积极的力量；第三，考上一所世界一流大学。

当刘大铭把自己的三个心愿告诉父母时，父母觉得他是异想天开。用医生的话说，能保住命就不错了。当时医生建议他接受现状，每天平躺至少 20 个小时，而且认为生存期最多 5 年。或许，这就是瓷娃娃症患者刘大铭的命运。

但是，刘大铭决定不接受命运的安排。国内的医生认为做手术矫正他的脊柱不可能，刘大铭就决定找国外的医生。他把自己从小到大的所有病历翻译成英文，并通过互联网发到全世界，以寻找可以为自己做手术的医生。终于，意大利的一位脊柱外科医生回复他说"可以手术，但成功率只有 50%"。2012 年，年仅 18 岁的刘大铭说服了父母，冒着巨大的手术死亡风险，前往意大利做手术。最后，经过 10.5 个小时的长时间手术，刘大铭从颈椎到股骨头，整条脊柱被 16 颗螺丝和 2 根钛合金杆固定——手术获得了成功！刘大铭终于不用整日躺在床上了，吞咽和呼吸功能也得到了极大的改善。

手术成功之后，刘大铭开始努力完成第二个心愿——写一本自传。8个多月后，他完成了17.5万字的个人自传书稿，并抱着试一试的想法把书稿寄给了人民出版社。出乎意料的是，人民出版社很快回复，同意出版他的自传。刘大铭也因此成为人民出版社建社以来最年轻的签约作者。

2013年，年仅19岁的刘大铭出版了他的自传《命运之上》。书中翔实而生动地记述了他在病魔困扰下，艰苦学习、顽强奋斗的人生经历。该书后来在全国发行几十万册，两次获得当当网传记类图书排行榜第一名。刘大铭的故事激励了无数读者。

自传出版的当年，中央电视台发起了"感动中国年度人物"评选活动。刘大铭成为甘肃省唯一的入围者，并第一次被媒体誉为"中国霍金"！之后，刘大铭11次荣获国家级文学奖项，3次受邀到人民大会堂领奖。2014年，刘大铭被评为全国自强模范，在人民大会堂受到国家领导人的亲切接见。

更加不可思议的是，2014年，刘大铭开始努力完成第三个心愿，准备申请赴全球排名前50的英国曼彻斯特大学攻读心理学学士学位。2015年，刘大铭被英国曼彻斯特大学录取，并获得全额奖学金。2019年，刘大铭以优异成绩从英国曼彻斯特大学毕业，是中国首位坐在轮椅上在世界50强大学取得学士学位的留学生！

留学毕业回国后，他又做了一个惊人的决定——去中关村创业，创立北京中轴科技公司，成为中关村首位坐在轮椅上的留学归国创业者。2021 年 4 月，刘大铭还被宁夏理工学院聘为终身教授。2024 年 1 月，刘大铭还当选为宁夏回族自治区政协委员。

2023 年暑假、国庆节和 2024 年寒假，我有幸多次邀请到刘大铭在我举办的"读书改变命运——与清北名师 & 学霸面对面"夏 / 冬令营中做开幕演讲。在演讲中，刘大铭分享了他许多不为人知的故事。例如，在小学阶段，由于身患重症，只能坐在轮椅上的刘大铭，课余时间不能像别的孩子那样参加各种运动或到处玩耍。于是，他就把课外时间几乎全部花在读书上了，经常去学校附近的新华书店读书。小学毕业时，刘大铭一共读了 950 多本课外书，这比大多数成年人一辈子读的书都多！要知道，6 年的小学时间一共只有 2 000 多天，这相当于刘大铭在小学阶段大约每 2 天时间就能读完一本书，真的不可思议！

刘大铭的演讲不仅非常励志，也非常有亲和力。在夏 / 冬令营演讲时，他对全体同学说："我是一个 90 后，大家叫我大铭哥哥就行了。"一个听完刘大铭演讲的小学一年级的孩子，当天就做出了一个惊人的决定："到小学毕业时，我要完成阅读 1 000 本课外书，超过刘大铭哥哥！"

刘大铭的精神鼓励了无数的学生。如果有机会，我强烈建议家长带孩子去现场听一次刘大铭的演讲。我也强烈推荐家长和孩子们阅读刘大铭的自传《命运之上》。

看了刘大铭的人生故事后，你是否会感叹，他遭遇了那么大的困难，没有选择一蹶不振，而是通过努力读书，最终实现了自己的"三大心愿"。患瓷娃娃症的刘大铭都能那么努力，我们每一个身体健康的普通人没有理由不努力！然而，大多数人之所以不努力，就是因为缺乏自控力。相反，刘大铭命运多舛，却能一直坚持努力，其中一个重要的原因便是他有着比普通人更高的自控力。因此，我们说，自控力可以成就不平凡的人生！

那么，自控力究竟是什么？究竟如何才能提高自控力？下一章，我们就来解码自控力的本质。

本章小结

自控力是天生的吗？

※ 棉花糖实验：一群孩子每人得到了一颗棉花糖，如果谁愿意等 20 分钟才吃，就可以得到第二颗。这就是著名的棉花糖实验，测试的是孩子的延迟满足能力。

※ 延迟满足能力，即自控力。自控力并非一种永恒不变的天赋。

※ 自控力的三大策略：分心策略、抽象化策略和冷静聚焦策略。

※ 轮椅上的人生逆袭——身患罕见病的刘大铭如何考入全球名校？

第二章

自控力的本质:
延迟满足

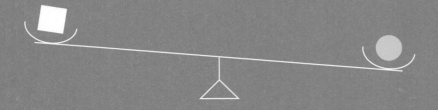

为什么要花钱锻炼？

一个工作日的下午，我像往常一样开车来到北京一家著名的康复医院，找我的康复大夫进行康复训练。这是一家国际医院，环境非常好，服务也非常好。自从 2015 年做了膝盖手术之后，为了恢复腿部力量，我基本每周都来一次，已经很多年了。

"您好，郑教授！最近怎么样啊？"大夫热情地打招呼。

"非常好，大夫！很开心再次见到您！"我跟他碰了碰拳。

认识多年，我们两个人都有了默契。

在之后的 1 小时里，我在大夫的指导和监督下，做了一系列康复静态运动：3 组靠墙静蹲，每组 30 秒；3 组平板支撑，每组 1 分钟；3 组平躺脚踝负重抬起，每组 50 个；3 组 TRX 悬挂训练，每组 20 个……

训练结束时，大夫说："郑教授，今天非常棒！回家后，记得每天坚持锻炼啊，只有这样，你的腿部肌肉才会越来越强。"

是的，流了这么多汗，我感觉非常棒！带着满满的自豪感和自信心，我和大夫再次碰拳道别，然后去医院前台结账离开。

离开康复医院，我在北京的五环路上边开车边听音乐。尽管路上有些堵车，但是有音乐的陪伴，我还是很开心。1 小时后，我回到了家。

每一次康复训练，都要花费我不少时间成本——算上来回车程，共需要 3 个小时，来回路上各 1 小时，康复训练 1 小时。而且，也要花费我不少财务成本——国际医院收费较高，1 小时的康复费用大约 2 000 元。

有时候，我也会想，如果我能够自己在家里进行康复锻炼，根本不需要浪费路上的时间，还可以节约不少钱。而且，进行了多年的康复训练之后，大夫指导我的动作我都已经背得滚瓜烂熟。

可我为什么每年还要在康复医院花费数万元，以及浪费那么多时间在来回康复医院的路上呢？

原因说出来确实不好意思——尽管我知道康复训练对健康的重要性，但在家里我却无法自觉训练。换句话说，在家里，我就容易成为爱偷懒的另外一个人。所以，每次花钱花时间去康复医院，其实是靠大夫来帮助我进行康复训练，以弥补我自控力的不足。

你是不是也这样？你家的运动器械，是不是好久不用了，而且还占用了家里宝贵的空间，有时候甚至成了晾衣服的架子？这真的是莫大的讽刺。不要不好意思，因为我们每个人都需要提高自控力。

什么是自控力？

究竟什么是自控力？

自控力就是人们进行自我控制的能力，也经常被称为意志力（Willpower）。所谓自我控制（Self-Control），即人们在面对诱惑时是否可以抵御。在这里，诱惑可以是你喜欢的零食、香烟、手机短视频或电子游戏，还可以是你喜欢赖着不起的温暖的床……

如果用一个公式来表达，那么：

自我控制 = 自控力 − 诱惑

从上面的公式我们可以看出，当自控力大于诱惑时，就可以成功地进行自我控制；当自控力小于诱惑时，自我控制就会失败。值得注意的是，生活的方方面面都需要有自控力，否则就会自我控制失败。

在生活中，人们经常面临至少以下几类自我控制冲突。

（1）**长期目标与短期诱惑**。在生活中，人们经常需要在长期目标与短期诱惑之间进行选择。例如，学生的长期目标是学业优秀、前程似锦，但短期诱惑却是今晚多玩游戏而不愿意努力学习。职场人的长期目标是步步高升、事业有成，但短期诱惑却是上班多摸鱼少干活。又如，很多人的长期目标是身体健康、身材好或帅气，但短期诱惑却是今晚多吃美味的夜宵而不愿健康饮食，或者早上多睡懒觉而不愿起床锻炼。

（2）**有益品（Virtue）与有害品（Vice）**。在生活中，人们经常需要在有益品和有害品之间进行选择。例如，逛商场时，你想买一杯饮料，奶茶和维生素水，你选择哪一种？在消费者心理和行为学的研究中，奶茶通常被认为是"有害品"，而维生素水通常被认为是"有益品"，因为奶茶尽管好喝，但其糖分高、卡路里高，无益健康，经常喝会让人体重增加，而维生素水尽管可能不太好喝，但可以补充人体需要的维生素，更有益于健康。

（3）**必需品（Necessity）与奢侈品（Luxury）**。在生活中，由于金钱资源是有限的，每个人都面临把钱花在哪里的自我控制冲突。是把钱花在孩子的教育或自己的终身学习等必需品上，还是把钱花在豪华车和奢侈品包包上？大多数人会觉得孩子的教育和自己的终身学习更重要。其实，很多买豪华车或奢侈品包包的人却根本不会进行自己的终身学习，他们往往也舍不得带孩子去国外旅游或参加好的夏令营以开阔眼界。在我福建农村老家，很多在北上广等外地做生意的人喜欢花数百万元建大豪宅（最高的有10层楼），以满足自己和邻居攀比的虚荣心。可是，他们舍得花数百万元在农村建大豪宅，却往往舍不得送孩子去北上广等地读个好学校（可能一年需要交几十万元的学费），而是仍让自己的孩子留在老家上学，甚至有的孩子一年到头都见不到父母几天。

（4）**实用品（Utilitarian）与享乐品（Hedonic）**。有些时候，同一类产品，也可以根据消费目的而分为实用品和享乐品。例如，买书通常都被认为是好的事情，但是书也有各种各样的书。买书时，是买能够让你享乐的小说，还是买能够让你学习到新技能的各种实用书？订阅杂志时，是订阅能够让你快乐的《娱乐周刊》，还是订阅能够让你进步的《哈佛商业评论》？

（5）**"善"与"恶"**。（有些时候，Virtue也翻译为"善"，Vice也翻译为"恶"。）例如，路上发现有跌倒的老人，要上去扶，还是视而不见？在面临压力和顾虑时，敢不敢说真话，还是随大流说一些自己都不相信的话？人们的内心都有对真善美的追求，但现实中却往往很难做到。如果要做到，就需要很强的自控力。

除了以上几种冲突，人们通常还会遇到该做的事（Should）和想做的事（Want）之间的自我控制冲突。这些冲突都高度正相关，通常长期目标、有益品、必需品、实用品、该做的事等都紧密关联，而短期诱惑、有害品、奢侈品、享乐品、想做的事等也都紧密关联。不过，也有例外。例如，家庭度假并非必需品或实用品，但却是对家庭有益的，也符合家庭的长期目标。

延迟满足和热冷双系统

在以上各种自我控制冲突中，自控力的本质其实都是延迟满足（Delayed Gratification）。例如，在长期目标与短期诱惑的冲突中，如果选择长期目标，就是做到了延迟满足。类似地，在有益品与有害品的冲突中，如果选择有益品，就是做到了延迟满足；在必需品与奢侈品（或者实用品与享乐品）的冲突中，如果选择必需品（或实用品），就是做到了延迟满足。因此，在学术研究中，经常用延迟满足等来指自控力。

那么，人们为什么有时候能够自我控制和延迟满足，有时候却不能呢？

"棉花糖实验之父"沃尔特·米歇尔和同事在 20 世纪 70 年代提出了一个自控力的理论模型——热冷双系统模型。换句话说，每个人的大脑里都有这两个系统，其中一个是冲动（热）的情绪系统，另一个则是冷静（冷）的认知系统。冲动的情绪系统是所有动物的本能。人类作为高等动物，也有这一本能。例如，当饥饿的信号传到大脑时，人们都会本能地去寻找食物。作为一个有低血糖症的人，我经常感受到低血糖给我带来的本能反应。当感觉到低血糖的那一刻，我心里立刻就会发慌，同时也会立刻寻找任何可以吃的食物以期立刻增加血糖，这时减肥或饮食健康等自我控制目标就会被我抛之脑后。要知道，这种本能是人类几百万年进化而来的结果。这种本能反应犹如电光石火那般迅速，而无需任何思考，因为饥饿就是一个对身体的危险信号，我们经过几百万年进化而来的基因中早就刻上了这些。

沃尔特·米歇尔教授认为，冲动的情绪系统类似于著名心理学家弗洛伊德所说的"本我"。根据弗洛伊德的理论，本我就是要寻求即刻满足、缓解压力，并且不计任何后果。冲动的情绪系统的运转是自动的，并且经常是无意识的。

与冲动的情绪系统相反，沃尔特·米歇尔教授认为冷静的认知系统是人类之外大多数动物都不具备的能力。脑科学研究表明，人类冷静的认知系统主要依靠大脑的前额皮质，这是大脑中进化程度最高的区域，可以产生人类独有的认知能力。它是人类创造力和想象力的源泉，对干扰我们追求长期目标的不当行为发挥着重要的抑制作用。自控力就根植于前额皮质区。而冲动的情绪系统则主要依靠大脑的边缘系统，位于脑干顶端皮质层的下面。它调节人类生存的基本动机，包括饥饿、性行为、不安全导致的恐惧等。脑科学研究发现，在边缘系统中，杏仁体具有重要的作用。杏仁体会快速调动身体的行动，但它不会为了思考而暂停。

心理学与脑科学的跨领域研究为沃尔特·米歇尔教授提出的自控力热冷双系统模型理论提供了进一步的证据。2004年，著名的《科学》（*Science*）杂志刊发了塞缪尔·麦克卢尔（Samuel McClure）和同事的研究，他们使用功能性磁共振成像技术研究人们进行延迟满足和自我控制选择时大脑的运转情况。他们发现，当实验参与者面对两个近期的选项时（例如，今天的10美元 VS 明天的11美元），神经活动发生在大脑里冲动的情绪系统区域；相反，当实验参与者面对两个远期的选项时（例如，一年后的10美元 VS 一年零一天后的11美元），神经活动发生在大脑里冷静的认知系统区域。2010年，哥伦比亚大学的艾尔克·韦伯（Elke Weber）教授和同事进一步研究发现，人们能够进行延迟满足等待决定的大脑区域在前额皮质的左侧。

说到艾尔克·韦伯教授，我在哥伦比亚大学读博士时还上过她的课，也得益于她给我的研究指导。艾尔克·韦伯教授是哥伦比亚大学商学院和心理学系的双聘教授，她丈夫是哥伦比亚大学商学院市场营销系的埃里克·约翰逊（Eric Johnson）教授，也是我读博士时的老师之一，他是行为经济学研究领域公认的大师。他们夫妇两人在心理学和行为学上的研究成就非常高，都曾获得多项殊荣。2000 年，我刚刚去哥伦比亚大学商学院市场营销系读博士时，就听说了他们夫妇的传奇故事。哥伦比亚大学为了吸引他们夫妇加入，专门提供了哈德逊河畔的一个平层大豪宅。这也是国外大学人才辈出的原因之一，那就是优秀的学者会获得许多名校的争抢，并且给出非常高的待遇（往往比校长还高）。

沃尔特·米歇尔教授提出的自控力热冷双系统模型理论，与其他心理学家提出的人类大脑的两种思维模式是一致的。人类大脑究竟是如何进行判断和决策的？近几十年来，许多心理学家提出，人类有两种思维模式。心理学家基思·史坦诺维奇（Keith Stanovich）和理查德·韦斯特（Richard West）率先提出人类大脑通过两套系统进行思考，即系统 1 和系统 2。诺贝尔经济学奖得主、著名心理学家丹尼尔·卡尼曼在他的恢宏巨著《思考，快与慢》一书里，也把这两种思维模式称为快思考与慢思考。而在其他学者的研究中，这两个系统也被称为热系统和冷系统。

系统 1 的运行是感性的、无意识的，而且很快，不怎么费脑力，完全处于自主运行状态。比如，我们要回答 2+2 等于几、判断两个物体的远近、在电话里听出对方语气不友善、在空旷的道路上驾车行驶、读大型广告牌上的字、看到恐怖画面后做出厌恶的表情等，这些行为不用深入思考就能做到，是系统 1 的自主行为。

相比之下，系统 2 是理性的，以逻辑为基础，有意识地处理信息，它是缓慢的、工于计算的，会遵循规则，进行比较，然后做出选择。例如，我们要回答 32×47 等于多少、数出一篇文章中某个字出现的次数、赛跑时随时做好起跑准备、保持比平常快的步速、记住某人的电话号码、填写纳税申请表、在狭小的空间里停车等，做这些事情都需要集中注意力，也就要用到系统 2。如果不集中注意力，表现就会差强人意，甚至一塌糊涂。对每个人来说，当我们醒着的时候，系统 1 和系统 2 都处于活跃状态。系统 1 是自主运行的，而系统 2 则通常处于不费力的放松状态，运行时只有部分参与。

通常情况下，我们日常生活中的大部分习惯行为，包括我们的大部分决策都是由系统 1 做出的。因为我们的大脑重量只占身体的 2%，却要消耗 20% 的能量，所以为了减少大脑的能量消耗，不费脑力的系统 1 是主导我们行为和决策的主角。系统 1 不断地为系统 2 提供印象、直觉、感觉等信息。如果系统 2 接受了这些信息，就会将印象、直觉、感觉等变成想法，冲动变成行动。但是，系统 2 比较懒，一般会稍微调整或者毫无保留地接受系统 1 的建议。在特殊情况下，如果系统 1 遇到了解决不了的问题，系统 2 便会被激活。比如，回答 32×47 等于多少时，系统 1 解决不了，这时候系统 2 便会被紧急动员来解决。系统 2 还会持续监督你的行为——有了它，你在生气时大部分情况下还能保持应有的礼节；有了它，你在夜晚开车时也能保持警惕。当你就要犯错时，系统 2 就会受到刺激，加速运作。

总的来说，系统 1 负责大多数日常的事情，但当事情变得复杂时，系统 2 便会接手。

举个例子，人们在散步时，系统 1 自发运行，并不需要系统 2 付出努力。这时候系统 2 也有一个自然的速度，大脑没有专门处理某项任务时，你可以让系统 2 分些精力随意观察自己身边发生了什么。比如，我们可以一边散步一边和朋友聊天，甚至可以边散步边思考。不过，如果思考的内容过于复杂，例如你在和朋友散步聊天时，要求朋友立即心算出 23×78 的结果，这时朋友肯定要停下脚步，因为这样的乘法计算就需要系统 2 付出很大的努力。又如，一边散步一边思考虽然非常惬意，但如果加快走路速度，思考的能力就会明显下降。跑步也是一样，你可以一边慢跑一边思考，但如果你要进行百米冲刺那样的快跑，就基本无法思考什么了，因为这时候系统 2 只专注于百米冲刺，无暇顾及其他。

系统 1 和系统 2 的分工是非常高效的：代价最小，效果最好。系统 1 依赖情感、记忆和经验，在熟悉的情境中迅速做出判断，在遇到挑战时能迅速做出恰当的反应。但是，也正是因为对情感、记忆和经验的依赖，系统 1 也很容易上当。系统 1 固守"眼见即为事实"的原则，在很多情况下容易犯系统性错误。如果系统 2 没能及时纠正这些错误，我们就很难避免做出错误的决策。

不过，尽管系统 2 看起来更厉害，但是由于系统 2 很懒惰，除了必需参与的努力之外，它不愿意多付出哪怕是一点点的努力。因此，系统 1 才是人类判断和决策的真正主角。当然，有一些至关重要的任务只有系统 2 才能执行，因为这些任务需要付出努力和控制自我，由此方可抑制系统 1 产生的直觉和冲动。

由此可见，要想提高自控力，我们需要更多地运用系统 2，也就是冷静的认知系统。

事实上，冷静的认知系统并非人的本能，例如婴幼儿和学龄前儿童就往往不具备冷静的认知能力。学龄阶段，冷静的认知系统才慢慢形成，直到 20 岁后才能发育成熟。因此，自控力并非人们天生的一种能力，而是后天习得的。设想一下，如果把一个婴儿扔给狼或者老虎养大，那么这个"狼孩"大概率将不具备冷静的认知系统，也不具备自控力。

席娜·艾扬格：双目失明的哥伦比亚大学教授

在第一章，我写了棉花糖实验以及刘大铭的例子，让你知道了自控力对成功的重要性。千万不要觉得这只是个例，事实上，几乎所有成功的人都需要高自控力。下面，我再说一位我非常敬佩的人——双目失明的哥伦比亚大学教授席娜·艾扬格（Sheena Iyengar）。

你可能难以相信——双目失明也能当教授？别急，我来慢慢讲她的故事。

1969年10月的一个暴风雪之日，席娜·艾扬格在加拿大多伦多市出生，是个早产儿。她的父亲那时正在从印度赶往加拿大的途中，因而未能迎接她的意外出世。席娜·艾扬格的父母都是第一代印度移民，先是从印度移民到了加拿大。后来，全家又从加拿大移民到了美国。

从蹒跚学步起，席娜·艾扬格总是撞到东西。起初父母以为她只是比较笨拙。3岁时，席娜·艾扬格被诊断患有罕见的色素性视网膜炎。10岁时，她的视力严重退化且不能读写，之后不久就双目失明了。13岁时，她的父亲去世，生活再度给了她一记重击。

在大部分情况下，盲人的命运似乎已经被上天注定了。双目失明后的席娜·艾扬格当时的想法是："我已经盲了，那么，我的人生还有哪些选择？"最后，她决定不向命运低头，下定决心要坚持读书，不能把自己的人生局限于其他人给的选项。

然而，作为一个盲人，如何读书？并不是所有的教材和课外书都有盲文版本。好在学校见席娜·艾扬格意志坚定，于是给她配了一个陪读员，也就是席娜·艾扬格可以听陪读员读书给她听。即使是这样，席娜·艾扬格读书仍然要比普通人困难很多。毕竟，我们普通人可以一边看一边读一边记，而席娜·艾扬格则只能靠听来记忆。因此，要达到相同的记忆效果，她要付出比普通人多好多倍的努力和时间。

席娜·艾扬格之所以能够一直坚持努力读书，靠的就是她那不可思议的自控力。正是因为她坚持读书，才改变了似乎注定的命运。不可思议的是，高中毕业后，席娜·艾扬格考上了著名的常春藤名校宾夕法尼亚大学的沃顿商学院。沃顿商学院是全美国第一所大学商学院（成立于1881年），常年排名世界第一。而另一所著名的商学院哈佛商学院成立于1908年，比沃顿商学院晚了27年。

1992年，席娜·艾扬格从宾夕法尼亚大学沃顿商学院毕业，获得了经济学和心理学双学士学位。之后，她又考上了斯坦福大学商学院攻读博士学位。1997年，席娜·艾扬格顺利毕业，并获得了斯坦福大学的"最佳博士论文"荣誉。1998年，博士毕业的她顺利加入常春藤名校哥伦比亚大学，开始她在哥伦比亚大学商学院的任教生涯。

2002年，席娜·艾扬格教授凭借优秀的教学和科研成绩荣获美国"青年科学家总统奖"。2011年，她荣获"全球管理思想领袖50人"（Thinkers 50）的殊荣，这是全球商学院教授们的最高荣誉，相当于管理学界的诺贝尔奖。席娜·艾扬格教授获得的荣誉并不仅限于这些。她的著作《选择的艺术》（*The*

Art of Choosing）被翻译成 33 种语言畅销全世界，入选"金融时报与高盛集团"2010 年年度书籍大奖名单，并在亚马逊 2010 年商业与投资类最佳书籍排名第三。2012 年，她被著名的商学院媒体"Poets and Quants"评为全世界最优秀的商学院教授之一。2013 年和 2014 年，席娜·艾扬格教授作为"全球领导力与决策"板块的主题演讲嘉宾，应邀出席达沃斯世界经济论坛。2019 年，她再度荣获"全球管理思想领袖 50 人"的殊荣。

以上这些成就是大多数正常人都很难达到的人生高度，而双目失明的席娜·艾扬格教授居然做到了，背后她要付出的努力可想而知。因此，我们说席娜·艾扬格教授的自控力之高，真的不可思议。

2000 年到 2005 年，我在哥伦比亚大学商学院读博士时，就听说了席娜·艾扬格教授的传奇故事。直到今天我仍然记得在哥伦比亚大学校园里第一次见到她时被震撼的感觉。当时，席娜·艾扬格教授挂着一根盲杖，缓慢而坚定地走在校园里。校园里有很多台阶，我不禁暗暗替她担心，不知道她怎么上下台阶。后来，看到她熟悉地扶着台阶旁边的栏杆，一级级地走下台阶时，我才舒了一口气。

跟着她下了台阶之后，我继续走在她后面观察。很快，席娜·艾扬格教授就走出校门，在 116 街与百老汇大街的交叉口等红灯。百老汇大街是纽约非常宽敞的大街，街上的车辆川流不息。我不禁又为她担心，不知道她要如何过马路。这时，过马路的红灯变绿，我看到她熟练地和其他行人一起过了马路，我心里的一块石头才终于落地。那一刻，我对她崇拜得五体投地。

与席娜·艾扬格教授有更多接触是在我回国任教之后。2014年，她的著作《选择的艺术》中文版正式出版，我邀请她到清华做了一场演讲。那次演讲，她震撼了在场的几百名清华学子。她在演讲中分享了自己早年的人生经历："我是一个早产儿，3岁时被确诊患有罕见的色素性视网膜炎，10岁后双目失明，13岁失去父亲……听完这些你或许会感慨，我的人生是多么不幸。你或许会问，在这么多不幸下，我如何选择未来？我可以用命运或者机遇看待我的人生，但我决定用选择开始我的人生。有什么区别呢？纵观各个领域里的领导者，他们是如何获得人们尊重的？用命运来解释，就是人们常说的，有些人天生就是领导，有人格魅力。用机遇来解释，或许他们只是在对的时间出现在了对的地点。而如果用选择来解释，或许他们是在正确的时刻做出了正确的选择。从这三个不同的角度来诠释，答案是完全不一样的。我们会发现选择是唯一一个让我们从昨天跨到今天，又可以让我们从今天走到明天的力量。"

席娜·艾扬格教授正是通过选择从不幸的童年坚持努力走到现在，才成为全球最著名的管理思想领袖之一。听了她的演讲，现场许多人都哭了！

我第二次邀请席娜·艾扬格教授来中国是在 2019 年。当时，她的著作《选择的艺术》再版，中信出版社将其更名为《选择》。这一次，我和出版社为她的书举办了新书首发仪式。后来我还请她为企业家学生讲了两天课。令大家感动的是，尽管双目失明，但席娜·艾扬格教授却坚持站着讲了两天课，过程中还和同学们频繁互动，经常提问同学们，也经常回答同学们的问题。

大多数人其实无法感受到盲人的不易。邀请席娜·艾扬格教授来中国的那几天，我经常和她一起吃饭，这才让我更深刻地感受到双目失明的她一路走到现在有多么不容易。因为眼睛看不见，席娜·艾扬格教授端杯子时经常无法保持平衡，水会洒出来，如果是咖啡等热饮还会被烫到。在吃饭时，她由于看不见，只能用手去抓食物，而无法用筷子或刀叉。同样，由于大多数食物是热的，她的手也经常会被烫到。但是，在她的脸上，我从没有看到一丝的抱怨，她一直非常平静。

席娜·艾扬格教授能在事业上取得如此大的成就，我觉得这离不开她超高的自控力。她开玩笑地说："我双目失明，所以看不见周围的纷纷扰扰，也就不会受外界诱惑，可以全神贯注地做自己认为最重要的事。"其实，避免干扰正是本书下一章要谈到的自控力策略之一。尽管双目失明，但是席娜·艾扬格教授读的书却比大多数眼睛正常的人都多，发表的论文和著作也比大多数眼睛正常的学者都多。

2019 年的那一次见面，还有一件事让我特别触动。席娜·艾扬格教授来中国时，有一位助理陪同她一起从纽约飞到北京。新书首发仪式以及两天的课程结束之后，席娜·艾扬格教授要立即返回纽约，因为还有别的工作。然而，她的助理是第一次来北京，想留下来多玩几天，去看看万里长城、故宫、颐和园等北京著名的景点。那么，这个矛盾当时是怎么解决的呢？席娜·艾扬格教授居然支持助理留在北京多玩几天，而她愿意自己一个人先回纽约。这让我对她更加崇拜和敬佩。我们正常人闭上眼睛走几步路都很困难，而双目失明的她却要只身跨越上万公里，从北京飞到纽约，困难可想而知。

席娜·艾扬格教授离开北京回纽约的那一天，我亲自送她到首都国际机场。我替她申请了轮椅服务，这样机场工作人员就会推着她上飞机。但即使顺利登机，在飞机上还有无数困难她需要去努力克服，比如 13 个小时的航行，双目失明的她去卫生间就不是件容易的事；飞机落地后，她还要打出租车回家，这对双目失明的她同样不是一件容易的事。我送席娜·艾扬格教授到了安检口，看着她坐在轮椅上逐渐远去的背影，那一刻，我的眼泪不由自主地夺眶而出。

与席娜·艾扬格教授的交往让我备受激励：她双目失明，人生却如此精彩和成功；相比之下，我们每个人遇到的困难，又算得了什么呢？与优秀的人接触，真的可以获得能量。大多数人的智商其实都差不多，特别聪明的人只是少数，能否有所成就主要在于后天的努力以及是否坚持努力。

因此，请记住，提高自控力对我们每个人的成功都至关重要。我们每个人无法选择自己的出身，也无法决定自己的天赋，更无法决定机遇，但有一点却是可以自己掌握的——那就是提高自己的自控力。

本章小结

什么是自控力？

※ 自控力是自我控制的能力，也称为意志力。

※ 自我控制 = 自控力 - 诱惑

※ 人们为什么有时候能够自我控制和延迟满足，有时候却不能呢？

　因为人们的大脑里有两个系统：热冷双系统。

※ 双目失明的大学教授——盲人席娜·艾扬格如何成为全球名校的大学教授？

第三章

萝卜实验：
自控力是有限的资源

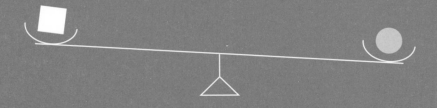

萝卜实验

我在哥伦比亚大学商学院攻读博士期间，由于研究消费者心理与行为学，曾读过该领域一篇非常有意思的论文。这篇论文是由美国著名心理学家罗伊·鲍迈斯特（Roy Baumeister）和他的学生写的，1998年发表在全球心理学顶级期刊《人格与社会心理学学报》（*Journal of Personality and Social Psychology*）上，后来成为自控力研究领域的经典和必读论文之一。

罗伊·鲍迈斯特也是自控力研究领域的开创性人物之一。他1974年本科毕业于普林斯顿大学，1976年在杜克大学获得硕士学位，之后又回到普林斯顿大学攻读博士学位，并于1978年毕业。获得博士学位后，他先去了加州大学伯克利分校做博士后研究，之后1979年到2003年一直在凯斯西储大学任教。2003年后，罗伊·鲍迈斯特开始在佛罗里达州立大学任教。

你可能会好奇，这么著名的学者，怎么他任职的大学似乎不那么有名？是的，这也是美国大学一个有意思的现象。美国学术界崇尚自由竞争和人才流动，很多学校为了吸引著名教授的加入，会开出很高的薪水。因此，很多著名学者并不一定在名校任教，罗伊·鲍迈斯特就是如此。尽管他后来任教的佛罗里达州立大学并非名校，但他却是著名心理学家和自控力领域的学术泰斗。他目前已经发表数百篇学术论文，出版了多部专著。其中，他在 2012 年出版的著作《意志力》（*Willpower*）被《纽约时报》评为年度畅销书。2013 年，美国心理科学协会（Association for Psychological Science，简称 APS）给他颁发了最高奖项——威廉·詹姆斯会士荣誉（William James Fellow Award），以表彰他长期的学术贡献。他现在还担任国际积极心理学协会（The International Postive Psychology Association，简称 IPPA）主席。

在 1998 年的那篇经典论文里，罗伊·鲍迈斯特教授和他的学生为了系统地观察和测量自控力的极限，找来了一些提前禁食的大学生，然后在每个人面前摆放两盘食物，一盘是散发着诱人香味的巧克力饼干，另一盘是萝卜。被试随机分成两组，第一组被告知只能吃巧克力饼干，第二组被告知只能吃萝卜。

读到这里，你是不是觉得第一组被试很幸运，第二组有点不走运？事实上，巧克力饼干和萝卜的设置就是一个自我控制冲突。第一组被试吃的是美味的巧克力饼干，因此他们无须进行自我控制；相反，第二组被试在面对巧克力饼干和萝卜时，则被要求只能吃萝卜，也就是说，他们需要进行自我控制。

接下来，研究人员离开实验室，让学生被试单独与巧克力饼干和萝卜待在一起，并透过隐形窗户观察他们。观察结果显示，第一组学生被试表情放松，心情愉快地享受着巧克力饼干；而第二组学生被试大多一脸苦相，抵御着眼前美味的巧克力饼干的巨大诱惑，有的热切地盯着巧克力饼干，许久之后才不得不认命地吃起萝卜，有的则拿起巧克力饼干闻了闻，享受饼干的香味。最终，所有学生被试都成功抵御了诱惑，虽然有的人差点就"投降"了。这说明巧克力饼干确实非常有诱惑力，需要学生被试进行自我控制才能抵制诱惑。

之后，研究人员把学生被试带到另外一个房间，让他们做一道几何题。这道几何题实际上无解，测试的目的是看学生被试坚持多久才会放弃。结果显示：第一组学生被试（吃巧克力饼干组）平均坚持了大约20分钟；相比之下，要忍耐住巧克力饼干的诱惑、只能吃萝卜的第二组学生被试，平均只坚持了8分钟。第二组学生被试坚持时间远远低于第一组，这个差异在统计上是显著的。

问题来了，为什么第二组学生被试在几何题目上坚持的时间更短？换句话说，为什么第二组学生被试在几何题目上的自控力比较低？聪明的你可能猜出来了，由于第二组学生被试在面对巧克力饼干和萝卜的自我控制冲突时，被要求不能吃巧克力饼干，他们付出了很大的自我控制努力才成功抵御了巧克力饼干的诱惑，因此到第二个任务（做几何题）时，他们的自控力已经大大降低了。

罗伊·鲍迈斯特教授把这个现象称为"自我损耗"，认为这是关于人类自控力的一个客观事实：人们只有有限的自控力，使用之后自控力就会下降。第二组学生被试已经使用自控力抵御了巧克力饼干的诱惑。因此，在做几何题时，他们的自控力已经损耗，从而导致他们在测试上表现糟糕。罗伊·鲍迈斯特教授认为，自控力是会被消耗的，就像肌肉一样，会因使用而耗尽力量。

在罗伊·鲍迈斯特教授的实验中，他还有一个用以对照的第三组学生被试（对照组）：他们没有经过食物品尝环节（也就是说，自控力没有被消耗），而是直接去做几何题。结果显示，对照组坚持的时间与巧克力饼干组类似，也再次说明了巧克力饼干组的自控力没有损耗。

由于罗伊·鲍迈斯特的这个实验使用了萝卜，因此又被称为萝卜实验。萝卜实验说明，自控力是一种有限的资源，会随着使用而减少。如果你已经做了一件特别消耗自控力的事情，当你再去做另外一件需要自控力的事情时，就会力不从心。因此，在工作和生活中，当你做了很多消耗自控力的事情时，一旦遇到重大决策，一定要先搁置下来，等自己的自控力恢复后再做决策。

自控力助力亲密关系

　　美国北卡罗来纳州经验丰富的婚姻治疗师唐·鲍科姆（Don Baucom）说，罗伊·鲍迈斯特教授的萝卜实验，证实了他多年实践中感觉到但从未真正理解的一些东西：他见过很多不幸的婚姻，大多数各自有工作的夫妻每天晚上总为一些鸡毛蒜皮的小事吵架。唐·鲍科姆劝这些夫妻早点下班回家。这个建议听起来有些奇怪，让这些夫妻早点回家，不就意味着让他们有更多时间吵架吗？

　　当然不是。唐·鲍科姆这么建议的理由是，他认为长时间工作让夫妻双方精疲力竭，辛苦工作一天回到家后，他们已没有太多精力来容忍伴侣令人生气的坏习惯或者关心体贴伴侣。因此，他建议夫妻需要在还剩些精力的时候就下班回家。这也是工作压力大时婚姻往往容易出现问题的原因，因为人们在工作上消耗了自控力，拖着疲惫不堪的身体回到家时，家庭关系可能就会"遭殃"。

自控力的能量模型

在萝卜实验之后，罗伊·鲍迈斯特教授和学生提出了自控力的能量模型。由于只能吃萝卜的学生被试在抵抗巧克力饼干的美味时已经消耗了大量的自控力储备，所以他们在做几何题时已没有更多的自控力。罗伊·鲍迈斯特教授进而提出，人们所有的自我控制行为都来自一个共同的、整体的资源，这种资源不但是有限的，而且是共用的。也就是说，人们所有与自我控制相关的行为，如注意力、情绪调节、冲动抑制以及身体耐力等都需要消耗容量有限的自控力资源。而且，自我控制对资源的消耗只是暂时的，人们可以通过休息或放松恢复自控力。

学生们可能有过这样的体验，每次期中或期末大考后都要美美地睡上一觉，休息几天，然后才能充满斗志继续学习；一周五天的高强度工作后，上班一族需要周末去商场逛街购物吃大餐或其他放松方式，才能让自己满血复活……诸如此类，都说明自控力是人们有限的资源，而且人们可以通过休息或放松恢复自控力。

血糖实验

根据罗伊·鲍迈斯特教授的"自我损耗"理论，既然人们的自控力是一种有限的资源，那么，你可能会问："这种生理资源究竟是什么？"罗伊·鲍迈斯特教授和他的学生马修·加约（Matthew Gailliot）等人后来在研究中意外发现，这个有限的资源部分竟然就是人们的血糖。

说是意外，是因为当时马修·加约做了一个这样的实验：他把被试随机分为三组，三组被试都需要完成两个自控力任务，但他们在两个自控力任务之间的休息时间里享受不同的待遇——第一组被试喝美味的奶昔，第二组被试读枯燥的杂志，第三组被试喝味道糟糕的低脂奶糊。结果，马修·加约发现，第一组被试（奶昔组）和第三组被试（奶糊组）都比第二组被试（杂志组）在第二个自控力任务中的表现更好，而且第一组被试（奶昔组）和第三组被试（奶糊组）在第二个自控力任务中的表现差不多。

看到这个结果，马修·加约一开始以为实验失败了。因为在进行实验前，马修·加约请了其他被试评价这三种不同的待遇，结果是美味奶昔最让人喜欢，杂志其次，低脂奶糊最不让人喜欢。然而，实验发现难喝的低脂奶糊竟然和美味的奶昔对被试产生了差不多的结果，为什么？

罗伊·鲍迈斯特教授却不认为马修·加约的实验失败了。他认为，这个实验结果或许揭示了一些他们之前未考虑到的可能性，即难喝的低脂奶糊也可以和美味的奶昔一样补充人们的自控力，从而导致他们在第二个自控力任务中的表现都比较好。如果是这样，说明只要是食物就可以补充自控力，不论是美味的奶昔还是难喝的低脂奶糊。

为什么食物会提高自控力呢？究竟食物为人们的身体补充了什么资源呢？在思考的同时，罗伊·鲍迈斯特教授和他的学生们观察到，糖尿病患者或低血糖患者的自控力问题比一般人严重。按照这样的逻辑，罗伊·鲍迈斯特教授大胆提出假说——食物可以提高血糖，那么，自控力这样一种有限的资源其实部分就是血糖。

为了检验这个假说，罗伊·鲍迈斯特教授和他的学生马修·加约等人做了一系列的血糖实验。实验论文 2007 年发表在全球心理学顶级期刊《人格与社会心理学学报》上。

我来详细描述其中的一个血糖实验。103 个大学生被试参加了这个实验，每个被试都被要求在参加实验前的 3 小时内不得进食，以免出现被试血糖水平的较大差异。实验流程是这样的。首先，实验人员测量了所有被试的血糖水平。然后，所有被试观看了 6 分钟的女人谈话视频。他们被随机分为两组：实验组观看视频时，不允许看视频下方随机出现的一些英文单词

（和视频内容不相关）；对照组则可以看这些英文单词（聪明的你应该看出来了，实验组需要对自己进行自我控制，而对照组则不需要）。看完视频后，实验人员再次测量了所有被试的血糖水平。

这个血糖实验的结果非常有意思：实验组被试在完成观看视频任务之后的血糖水平显著低于之前的血糖水平；然而，对照组被试在完成观看视频任务之后的血糖水平和之前的血糖水平却没有明显区别。这个结果表明，实验组被试由于进行了自我控制，因此损耗了部分血糖；对照组被试没有进行自我控制，因此血糖没有什么损耗。

这个实验之后，罗伊·鲍迈斯特教授和他的学生马修·加约等人又做了一系列类似的实验，都得到了类似的结果。这确实说明，自控力是一种有限的资源，这种资源部分真的就是人们的血糖。

这项研究意义重大，根据研究成果，罗伊·鲍迈斯特教授和其他研究学者后来继续提出：既然自我控制会消耗血糖，那么补充血糖就可以帮助人们补充自控力。

为了测试这个假说，有一项研究考察了电脑游戏被试的攻击性。游戏一开始难易适中，每个被试都表现不错。然而，随着游戏难度的增加，被试变得郁闷。这时，研究者把被试随机分成两组：实验组被试喝了加糖的饮料，对照组被试喝的则是加甜味剂的饮料（甜味剂提供不了葡萄糖）。结果表明，喝了加糖饮料的被试表现更好，而喝了甜味剂饮料的被试则表现较差，而且更容易生气。这说明，补充葡萄糖真的可以帮助人们补充自控力！

脑成像实验：自控力的生理机制

罗伊·鲍迈斯特教授的一个学生托德·海瑟顿（Todd Heatherton）后来和同事甚至还用了神经心理学的方法，进一步来验证自我损耗导致自控力下降以及葡萄糖可以补充自控力的生理机制。他们发现，自我损耗会加强人们对奖励的神经反应，也就是变得更加不愿意延迟满足，从而降低了自控力。

其中一个实验，被试是 33 位女性节食者，她们被要求看一段喜剧视频，但其中一半被试被要求不能笑（聪明的你是不是又看出来了，这就是实验组的自我控制任务，以让她们自我损耗），而另一半被试则可以笑。之后，托德·海瑟顿和同事用 fMRI（功能磁共振）脑成像技术，观察了被试的大脑对诸多不同食物图片的反应。结果表明，不能笑的被试脑区伏隔核的活动增加，而他们脑区杏仁核的活动相应减少。

伏隔核是一组波纹体中的神经元，在大脑的奖赏、快乐、成瘾等活动中起重要作用，也叫作大脑的快乐中枢。而杏仁核则位于大脑前颞叶背内侧部，海马体和侧脑室下角顶端稍前处，是产生情绪、识别情绪和调节情绪，以及控制学习和记忆的脑部组织。由此可见，自我损耗加强了人们对奖励的神经反应，也就是变得更加不愿意延迟满足，从而降低了人们的自控力。

这项研究意义重大。2011 年，托德·海瑟顿当选为人格与社会心理学学会（Society for Personality and Social Psychology）会长，并在就职演讲中第一次分享了这一研究结果。人格与社会心理学学会是全世界最大的社会心理学家社团，由此可见这个研究的重要性。2013 年，托德·海瑟顿和同事将他们的研究结果发表在全球心理学顶级期刊《心理科学》（*Psychological Science*）上。

恢复和提高自控力的策略

既然自控力是一种有限的资源，那么你可能会问：当自控力资源被暂时消耗后，除了补充血糖外，我们还可以通过哪些途径或方法恢复自控力？

第一，睡眠。睡眠不仅可以恢复体力，同时也是恢复自控力的一种重要方式。研究者发现，人们在睡眠之后的精神饱满状态下进行自我控制要比在睡眠之前的疲惫状态下进行自我控制更加有效。比如，拥有充足睡眠的戒烟者的戒烟成功率更高，打乱戒烟者的睡眠则会大大降低他们的戒烟成功率。

第二，放松。放松也是一种促进自控力恢复的方法，在临床上常被用于帮助人们应对意外打击、处理慢性疼痛和应对危险等。研究发现，如果在连续任务中周期性地加入一个放松性质的间断，将有助于提高人们在后续任务中的表现。类似地，在两项任务之间短暂休息或进行一次放松活动，也可以部分抵消自控力衰竭所带来的影响，从而有利于人们后续进行自我控制。放松的具体方式有很多，心理学目前研究比较多的主要是冥想，它已经被证明可以有效地抵消自控力衰竭所带来的负面影响（关于冥想如何提高自控力，请阅读本书第十章）。

第三，积极情绪诱导。人为诱导积极情绪也是恢复自控力的一种重要方法。这种方法不仅具有学术价值，而且其临床和实践价值也很高，特别是在教育领域和心理健康领域。比如，让自控力衰竭的人观看一段喜剧视频，其状况会得到明显改善。

最后，既然自控力是一种有限的资源，可以通过睡眠、放松或积极情绪诱导来恢复，那么，另一个有趣的问题是：自控力也可以通过训练而获得提高吗？当然！罗伊·鲍迈斯特教授及其同事认为，自控力的培养与肌肉训练有相似之处。首先，就像运动后肌肉会酸痛一样，人们在努力自我控制以实现目标后，自控力也会被消耗并变得薄弱；其次，就像锻炼会使肌肉更强壮一样，每天有意识地进行自我控制训练，也会提高自控力。例如，运动员经过长期训练，耐受能力会比普通人强；一个长时间有着优秀学习习惯的人，会比不经常学习的人有更好的自控力。

夏伯渝：无腿登上珠峰的中国英雄

2021 年 4 月，我应邀带领企业家学生们去敦煌参加第九届重走玄奘西行路戈壁徒步挑战赛，并在开幕式上做演讲。当时，吸引我去演讲的一个重要人物就是夏伯渝。因为，能和夏伯渝同台演讲，让我感到是一种荣誉。

如果你还不知道夏伯渝是谁，那么我现在就告诉你：夏伯渝是中国双腿截肢者登顶珠峰的第一人。正因为这样不可思议的奇迹，夏伯渝成为感动中国的"中国英雄"，也荣获 2019 年劳伦斯世界体育奖"年度最佳体育时刻奖"，并入选了《吉尼斯世界纪录大全 2020》。

当我知道夏伯渝的事迹时，我的内心充满了无限的崇拜。这份崇拜，与我自己的膝盖受伤有关。自从 2015 年膝盖受伤并做了手术之后，我就无法爬楼梯了。因此，如果坐飞机遇到远机位需要爬舷梯，我就只好申请机场的轮椅服务，通过特别的升降车才能上飞机。

当时，我内心不仅充满崇拜，也充满好奇，我迫不及待地想在现场听到夏伯渝的演讲。夏伯渝究竟为什么会失去双腿？没有双腿之后，夏伯渝又是靠什么能够坚持努力几十年，最后在 69 岁高龄登上世界之巅珠穆朗玛峰？

1949 年，与共和国同龄的夏伯渝出生于重庆，名字中的"渝"字就代表了他的出生地。1956 年，夏伯渝跟随父母迁到青海。小时候的夏伯渝喜欢运动，特别是踢足球。然而，由于竞争非常激烈，夏伯渝没有能够入选专业足球队。1974 年，中国登山队去青海选拔攀登珠峰的队员时，夏伯渝抱着试一试的心态参加了选拔，没想到却成功入选。这真是"有心栽花花不开，无心插柳柳成荫"。

经过短短一年的训练之后，1975 年夏伯渝就第一次尝试攀登珠峰。当时和他一起攀登珠峰的还有中国登山队的其他队员。然而，在登顶珠峰的过程中，他们遭遇强大的高空风，只好放弃登顶并开始下撤。在下撤到海拔 7 600 米的那天晚上，一位队友不小心丢失了自己的睡袋。这时候，充满爱心的夏伯渝决定把自己的睡袋让给这位丢失睡袋的队友，而他自己则一整晚和衣而眠。不幸的是，在零下几十度的夜晚，没有睡袋导致夏伯渝双腿冻伤，最后两条小腿被截肢，夏伯渝也从此永远失去了双腿。

截肢后，夏伯渝消沉了相当长的一段时间。毕竟，如果后半生要在轮椅上度过，谁都难免自怨自艾，更不用说一位渴望攀登珠峰的运动员了。幸运的是，有一天，一位外国医生告诉夏伯渝说，即使双腿截肢也可以安装假肢。安装假肢之后，很多人都可以走路和爬山，甚至攀登珠峰也不是完全不可能。

这句话重新点燃了夏伯渝的生命之火。他的内心从此有了一个目标。安装假肢后，夏伯渝不再自怨自艾，而是开始努力恢复锻炼。锻炼时，夏伯渝的腿和假肢相交处经常被磨得鲜血淋漓，但他一直坚持。

1993年，不幸再次降临到夏伯渝身上。由于双腿和假肢相交处经常被磨肿甚至鲜血淋漓，夏伯渝不得不再次截肢，而且还诱发了淋巴癌。不可思议的是，手术后，夏伯渝继续用他的坚强与执着恢复锻炼，只为了那个遥远的梦想——再次攀登珠峰。是的，正是因为第一次攀登珠峰导致他失去了双腿，所以夏伯渝心中一直没有忘记自己的目标——即使没有双腿，也要再次攀登珠峰。

2011年7月，在意大利举行的攀岩世锦赛上，62岁高龄的夏伯渝克服了常人难以想象的困难，最后夺得了双腿截肢项目男子组难度赛和速度赛两项世界冠军！而这也给了夏伯渝继续攀登珠峰很大的信心。

2014年，65岁的夏伯渝终于第二次来到珠峰脚下，这时候距离他第一次攀登珠峰已经过去了近40年。当年的队友当中，只有他在这个年龄还坚持要攀登珠峰。但当他到达珠峰大本营的时候，正好遭遇雪崩。他只好放弃，无功而返。

一年后的 2015 年，夏伯渝第三次挑战珠峰。但是，就在夏伯渝准备攀登珠峰的时候，又遇上了尼泊尔百年不遇的 8.1 级大地震，夏伯渝只好再次放弃。

2016 年，夏伯渝第四次挑战登顶珠峰。这是他离成功最近的一次，距离登顶仅剩 94 米，只要一个冲刺，便能享受梦想成真的快乐。然而，天不由人，暴风雪突然来临。夏伯渝内心当然希望继续攀登以实现自己的梦想，但在暴风雪突然来袭时坚持这样做可能会牺牲自己和他人的性命，特别是身边那些帮助自己的尼泊尔夏尔巴人都还只是 20 多岁的年轻人。最终，夏伯渝做出了他一生中最难的抉择——下撤。

回来后，夏伯渝的双腿患上血栓，医生告诉他，不能再去登山了。然而，夏伯渝依旧不甘心，那距离珠峰之顶仅 94 米的遗憾时刻萦绕在他的心里。于是，夏伯渝每天继续刻苦锻炼，只为了离梦想更近一步。

2018 年 5 月 14 日上午 10 时 40 分，69 岁高龄的夏伯渝第五次攀登珠峰，这一次他终于成功了，成为中国双腿截肢者登顶珠峰的第一人。这是他实现梦想的最快乐时刻，但在珠峰之顶给妻子打电话时，夏伯渝却哭了。是的，或许只有他的家人才知道夏伯渝为了实现登顶珠峰的梦想付出了什么。当然，家人也同样为他的梦想付出了极大的牺牲。

在敦煌现场聆听夏伯渝老师演讲的我，听到这一刻时，忍不住哭了，现场几百位企业家也哭了。回到北京后，我和夏伯渝老师也成了好朋友，我多次邀请他演讲。我推荐大家有机会去现场听一次夏伯渝老师的演讲，也推荐大家阅读夏伯渝老师的自传《无尽攀登》，并观看同名纪录片电影《无尽攀登》（各大视频网站都有）。

2021 年 12 月，夏伯渝老师的纪录片《无尽攀登》在全国院线上映时，我还举办了一个包场看电影的活动，以向夏伯渝老师致敬。当时，在北京蓝色港湾的珠影耳东传奇影城里，很多企业家学生和家属都被电影感动了。而电影开场前的惊喜更是让每个人沸腾——夏伯渝老师竟然专门过来和大家见面并致辞。

对于我们大多数人来说，即使双腿健全都不一定能攀登上珠峰。而失去了双腿的夏伯渝老师却能在 69 岁高龄攀登珠峰，最终成功登顶实现梦想，靠的是什么？答案只有他超人的自控力。正是他超高的自控力，让他能够四十年如一日地坚持每天的锻炼计划。每一个引体向上、每一个俯卧撑、每一个仰卧起坐，都是为了离梦想更近一步。一起吃饭聊天时，夏伯渝老师告诉我，他现在尽管 70 多岁了，但仍然坚持每天锻炼，他可以一次轻松做 200 多个俯卧撑。

在成功登顶珠峰之后，夏伯渝老师获得了无数的荣誉和邀请。大多数人面对这种胜利的时刻，都容易骄傲得有点飘起来，开始享受功成名就的生活。然而，夏伯渝老师却仍然奋斗不息，他给自己制订了新的目标和计划，要继续攀登高峰，争取每年登上世界各大洲的一座最高峰。

2020 年到 2022 年，新冠疫情的突然来袭影响了夏伯渝老师的计划。由于不能出国，夏伯渝老师又开启了国内的"百城千山"计划，希望能够带领大家多走出家门去锻炼。我和数百名企业家学生能够有幸在敦煌现场聆听夏伯渝老师的演讲，就受益于他的这份大爱。

有幸在敦煌现场聆听夏伯渝老师的演讲并与他同台演讲后，他的精神一直在鼓励着我坚持努力。与夏伯渝老师的双腿截肢相比，我的膝盖伤根本算不了什么。正是在他的鼓励下，除了坚持每周的康复训练，我也开始尝试恢复骑自行车。2022 年 4 月，在膝伤 7 年后，我终于可以自由骑行了。我买了一部自行车中的"跑车"来奖励自己。现在，我可以骑自行车从北京四环外的清华到二环里的胡同，往返超过 20 公里。那种快乐，让我感觉又回到了年轻时候。

2023 年，新冠疫情终于结束了，夏伯渝老师重启了他攀登世界各大洲最高峰的计划。2023 年 9 月，我计划在年底举办跨年大课并邀请夏伯渝老师给企业家学生们现场演讲，于是就联系了他。没想到，夏伯渝老师回复我说："我 12 月 26 日到 1 月 7 日要去攀登非洲的乞力马扎罗山。"尽管没能邀请到他，但我心中对夏伯渝老师更加佩服了。74 岁高龄的夏伯渝老师完全可以过着功成名就的优渥生活，但他却仍然坚持在攀登高峰的路上。2024 年 1 月 1 日，夏伯渝老师成功完成了非洲第一高峰乞力马扎罗山的登顶！

让我们以夏伯渝老师的精神一起共勉！

本章小结

自控力真的会耗尽吗？

※ 萝卜实验：自控力被消耗后，人们自我控制表现就会变差。

※ 当自控力被大量消耗时，一定要等到自控力恢复后，再做决策。

※ 自控力能量模型和血糖实验。

※ 恢复自控力资源的有效途径。

※ 无腿登顶珠峰的英雄——双腿截肢的夏伯渝如何在 69 岁高龄登上珠峰？

第四章

明确目标，
提前承诺

如何一个月写 10 万字?

2023 年春节,我回福建仙游老家看望奶奶。有一天,小学同学傅汉辉请我吃饭。他说:"你去年在北京给中小学生们举办的夏令营非常好,但是老家仙游只是个小县城,不是北京那样的一线城市,大多数人的收入还比较低,根本够不着。"

他的这番话,让我心里有点难受。确实,参加夏令营的大都是一二线城市收入较高家庭的孩子。如何才能让更多小城市、小县城甚至农村的孩子,也有机会获得好的教育呢?

线下的优质教育机会,从来都是稀缺的。2023 年暑假、国庆节和 2024 年寒假,我继续在北京举办夏(冬)令营,连办了 6 期,为更多孩子提供了机会。但是,即使我非常努力,全国各地有机会来到我课堂上的孩子,一共也就不到 500 人。这对于全国千千万万有需要的孩子们来说,是远远不够的。

怎么办?于是,当时我想,那就写一本书吧,没有什么比一本书更能把知识普及千家万户的了。任何家庭，不管富裕还是贫穷，不论是在一线城市还是在农村，都买得起一本书。

由于我举办的夏（冬）令营主题是"读书改变命运"，希望帮助孩子们找到人生目标，变"父母要我学习"为"我要为自己学习"。所以，我把这本书的书名确定为《读书改变命运》。在这本书里，我写了自己的人生经历，也写了许多我认识的人的人生经历，而这些不同的人都有一个共同点，那就是——读书改变了命运。我希望，这本书能够帮助千千万万参加不了北京夏（冬）令营的孩子们，寻找到他们的人生目标，从此开始努力奋斗。

我和出版社签约这本书时已经是 2023 年 4 月底，而我希望这本书 2023 年 7 月出版，作为孩子们的暑假礼物，让这本书成为每个孩子都上得起的"夏令营"。出版社要求我必须在 5 月底完稿，这样他们才能在 6 月加急完成编辑、排版、封面设计和印刷等多项流程，并在 7 月正式出版。

在一个月内写完一本 10 万字以上的书？这似乎是不可能完成的任务。我之前写过《理性的非理性》《科学营销》等 6 本书，每本都至少花了一两年时间。

目标已经明确（一个月内写 10 万字），为了实现它，2023 年 5 月初，我在朋友圈立了个 Flag（目标）：我要在一个月内完成《读书改变命运》的书稿。

于是，我开始天天努力写书。从 2023 年 5 月 4 日这天开始写作，一直到 5 月底完稿，仅仅花了 20 多天时间，每天平均写 5 000 字。这个速度，超出了我自己的想象。

怎么做到的呢？其实，无非就是把每天的空余时间都利用起来。我平时早上 5:30 左右就醒来了，会赖在床上看手机、玩国际象棋，7 点才起床，然后吃早饭并开始一天的工作。而这个月，我每天 5:30 左右醒来就写书，写到 7 点，再吃早饭并开始一天的工作。我白天有很多工作，并没有时间写书。

以前晚上吃完饭，我也会躺床上休息，看手机、玩国际象棋等，到夜里 12 点左右睡觉。而这个月，每天晚上 7 点左右吃完饭，我就开始继续写书，一直到晚上 12 点。

这个月，我还出过两次差，一次去苏州，一次去厦门。以前出差坐飞机的时候，我都喜欢在机场休息室放松玩会儿手机，在飞机上也会看电影娱乐一下。而这两次出差，不论是在机场休息室，还是在飞机上，我也都在写书。

所以，这一个月里，我只是把原来一些闲暇时间全部利用了起来，居然就完成了一本超过 10 万字的书，真的不可思议！2023 年 5 月底，我把稿件交给出版社。2023 年 7 月，我的自传《读书改变命运》就正式如期出版了，并迅速获得许多家庭的欢迎，一个月内就重印了 7 次！

这次写书的经历给了我很多启发。我们每个人的每一天，其实都有大量时间被浪费了。当没有目标时，我们会浪费大量的时间在玩手机、应酬等各种事情上。但是，一旦有了重要目标，我们就会提前承诺，并真正地全力以赴，直到完成目标。而明确目标和提前承诺，正是提高自控力的重要策略！

提前承诺策略

如何才能提高自控力以实现目标？1991 年，芝加哥大学商学院的史蒂芬·霍克（Stephen Hoch）教授和乔治·鲁文斯坦（George Lowenstein）教授，在全球营销学顶级期刊《消费者研究学报》（*Journal of Consumer Research*）上发表了一篇论文，也成为自控力研究领域的经典和必读论文之一。在这篇经典论文中，他们提出了几种不同的自控力策略。其中，我最喜欢的就是"明确目标"和"提前承诺"策略。

明确目标很容易理解，那么什么是"提前承诺"（Precommitment）呢？这是一种广为应用的自控力策略。有历史记载的最古老的"提前承诺"自控力策略的证据之一，来自公元前 800 年荷马写的希腊史诗《奥德赛》（*Odyssey*）。在史诗《奥德赛》里，英雄尤里西斯（Ulysses）是希腊西海岸一个名叫伊塔卡（Ithaca）的岛国的王子，他也是著名的特洛伊战争中的"木马战术"的谋划者，最后帮助希腊人赢得了为时十年之久的围城战争。

在赢得特洛伊战争之后，尤里西斯带领士兵航行返回伊塔卡，一路上遇到了非常多的艰难险阻，归家之路花了十年。在众多的艰难险阻中，最难的就是抵御塞壬（Siren）的诱惑。塞壬是一种类似美人鱼的女海妖，她们非常美丽，歌声更是令男人难以抗拒。她们会到海里的岩石上唱歌，引诱过往船只的水手们跳到水里。这些女海妖的诱惑是致命的，几乎没有男人可以抵抗她们的诱惑。许多路过的水手都因受到引诱而跳到海里丧生。然而，这些女海妖的诱惑却不能对尤里西斯起作用。

那么，尤里西斯是如何成功抵御女海妖的诱惑的呢？原来，尤里西斯知道自己也会难以抗拒女海妖塞壬的诱惑，于是他在他的船经过女海妖塞壬的海域之前就让其他水手把他绑在桅杆上，这样即使他听到女海妖塞壬的撩人歌声，也不会跳到海里。同时，尤里西斯让水手们把各自的耳朵都用蜂蜡封起来，这样水手们在经过女海妖塞壬的海域时就不会听到她们撩人的歌声，专注划船。最后，尤里西斯成功摆脱了女海妖塞壬的诱惑，回到了家乡伊塔卡。

在荷马史诗《奥德赛》里，尤里西斯运用的自控力策略就是"提前承诺"。

生活中的"提前承诺"

今天，许多人在日常生活中也运用"提前承诺"这一自控力策略。例如，有些消费者怕自己在商场里无法控制住购物的欲望，于是就会把银行卡留在家里，而只带少量现金去商场，这样就能避免过度消费。当然，今天由于手机支付的流行，现金交易已经逐渐被手机支付替代，许多人的银行卡也都绑定在了手机上。如果你怕无法控制住自己而导致过度消费，那么你只要在手机里解绑银行卡就可以了。这也是一种"提前承诺"。

又如，很多人担心自己第二天早上无法按时起床，于是就提前定了闹钟。担心一个闹钟无法叫醒自己，有些人还会设置多个闹钟。更有人担心自己听到闹钟铃声之后会把闹钟关闭，于是就在睡前把闹钟放在自己够不着的地方。

所以，如果你担心自己的自控力不够，那么，不妨采用"提前承诺"策略。例如，如果你担心餐厅里的午餐卡路里超标，那么你可以提前订低卡路里的外卖午餐在办公室里吃，这样吃午餐时你就不会被同事拉去外面餐厅，最后屈从于那些更美味的高卡路里午餐。

"提前承诺"策略对人们提高自己的身体健康也很有帮助。例如，许多人因为工作繁忙没空去体检或洗牙，这时候不妨运用"提前承诺"策略,给自己提前买好每年一次的体检或洗牙计划,并与医院或口腔诊所预约。这样,等体检或洗牙的时间到来的那一天,你就不会没时间了,因为体检或洗牙安排早就被你"提前承诺"到日程表里了。

锻炼身体时,也可以运用"提前承诺"策略。如果你担心自己容易偷懒而无法完成运动目标,那么不妨与私教预约一对一的运动时间,这样你就不会爽约了。如果你担心自己明年无法完成运动目标,那么不妨提前给自己买好许多私教的课程,然后让私教每周指导并监督你运动。

学习时,也可以运用"提前承诺"策略。如果你担心自己明年无法完成学习目标,那么不妨提前给自己买好书或者参加一个学习项目。有些读书俱乐部每周给会员寄一本书,以督促会员坚持读书,这样一年下来就是50多本书。有些读书俱乐部还要求会员付一笔钱,如果会员完成阅读目标,年底可全部返还,否则会扣除部分或全部款项。

各大商学院流行的 EMBA 学习项目也是如此。许多平时都非常忙的企业家报名前觉得自己根本没时间学习,但是报名后,他就提前承诺了自己在未来的两年时间里,每个月都要抽出几天时间参加面对面的课程学习。最后的结果是,大多数学员都能坚持下来,不但获得了名校学位,而且并不影响工作,许多人还因此提高了认知,扩大了人脉资源,使工作和事业更上一层楼。

戒烟的策略

被誉为"棉花糖实验之父"的自控力研究大师、哥伦比亚大学心理学系教授沃尔特·米歇尔，曾经分享过自己如何戒烟的故事。20世纪40年代，还是青少年的沃尔特·米歇尔教授就开始吸烟了，后来成了一个烟瘾很大的老烟民。20世纪60年代，当美国政府公布了一项有关吸烟风险的报告后，沃尔特·米歇尔教授虽然意识到了吸烟会给他带来长期危害，但并没有戒烟。用他自己的话说："我的冲动系统并不关心。对我而言，我将吸烟看作学术生活的一部分。对我的教授身份而言，吸烟可以让我减少焦虑，更投入地备课，而且很多人都吸烟。"

有一天早上，沃尔特·米歇尔教授打开水龙头淋浴时，突然发现自己嘴里还叼着烟卷。那一刻，他清楚地意识到自己真的是个瘾君子。他一天要抽三包烟，还经常加上烟斗。然而，沃尔特·米歇尔教授仍然没有任何戒烟的想法，他说："我的冷静系统还在沉睡。"

那么，这么大烟瘾的一个老烟民，最后究竟是什么原因促使他决定戒烟并成功戒掉的呢？

原来，沃尔特·米歇尔教授在斯坦福大学任教时，有一天他穿过斯坦福大学医学院医院的大厅，看到了一幅让他十分震惊的画面：一个男士躺在急救床上，裸露的胸部和剃光的头上都用绿色笔标出了许多小点。护士告诉沃尔特·米歇尔教授，那些小点是化疗部位，因为那位男士得了转移性肺癌。从此，那个画面一直留在了沃尔特·米歇尔教授的脑海里。他终于明白，如果自己再不戒烟，恐怕自己的身体将来也会遭受这样的痛苦。

于是，沃尔特·米歇尔教授决定戒烟。为了战胜烟瘾，他对家人、同事、学生都公开了自己的目标，当众发誓自己一定要戒烟成功，并且希望别人帮助他，特别是烟友们不要再给他香烟，以免他前功尽弃。在与烟瘾斗争了几个星期后，沃尔特·米歇尔教授终于戒烟成功了。并且，当他在户外的咖啡店坐下时，如果是挨着吸烟者，尽管空气中的烟味让他的冲动情绪系统很享受，但他的冷静认知系统会告诉他赶紧换个座位。

如果我们总结一下沃尔特·米歇尔教授的戒烟策略，其实无非这几点：①明确目标（对家人、同事、学生公开目标）；②提前承诺（当众发誓自己一定要戒烟成功，叫烟友们不要给自己香烟）；③远离诱惑（换座位离开烟民）。远离诱惑策略也是史蒂芬·霍克教授和乔治·鲁文斯坦教授那篇经典论文里的自控力策略之一，我们将在下一章详细讨论。

肖申克的救赎和逃离奥斯维辛集中营

在所有的电影中，1994 年上映的《肖申克的救赎》(*The Shawshank Redemption*) 一直是豆瓣评分最高的电影，也是目前豆瓣上唯一评分高达 9.7 的电影，参评人数 300 多万！而这部电影之所以受到这么多人的喜欢，原因之一就是男主角安迪不可思议的自控力！

在电影中，男主角安迪原来是一个银行家，他的妻子和高尔夫球教练有外遇，没想到二人在安迪家里偷情时被人杀死。结果，安迪成了嫌疑犯，最后被警方指控谋杀而不幸蒙冤入狱，并被判无期徒刑，终身监禁在肖申克监狱里。面对命运的不公，安迪并没有因此沉沦，而是努力争取重生。

在肖申克监狱里，安迪发挥自己的才能，当上了监狱的图书管理员，并赢得了狱友们的爱戴。当时，由于经费不足，监狱图书馆没什么藏书，安迪就写信给州议员以期获得拨款。可是州议员并不理会他，但安迪却坚持每周写一封信给州议员，一直写了 6 年。最终，州议员被迫回信，不仅拨款 200 美元，还调拨来许多捐赠的书籍。而州议员的唯一要求是请安迪不要再写信了。

安迪改造监狱图书馆的第一步计划实现了。然而，他并没有因为这个成绩而满足，而是决定继续写信申请更多款项。于是，他不理会州议员叫他不要再写信的要求，反而开始坚持每周写两封信给州议员。最终，安迪再次成功地帮助监狱图书馆，且获得了更多的拨款和图书，给监狱里的犯人们建造了一个精神家园。

后来，有一个犯盗窃罪的年轻人汤米也来到了肖申克监狱服刑。汤米是个不学无术的年轻人，常年小偷小摸，出入监狱对他来说是家常便饭。然而，安迪却在汤米身上看到了希望，鼓励他在监狱里努力学习，并亲自为他辅导课业。最终，大字不识几个的汤米竟然在监狱里完成了学业并通过了远程考试，获得了文凭！除了汤米之外，安迪还帮助其他狱友在监狱里获得了文凭。

在一次偶然的交谈中，汤米说他以前在另一所监狱里服刑时，听到一个抢劫杀人犯炫耀过自己的一个案子——入室抢劫并杀死躺在床上的一男一女，最后警方竟然根本不知道是他作的案，还冤枉了那个女人的丈夫，并把女人的丈夫逮捕入狱！说者无意，听者有心，这正是安迪的案子！安迪终于知道谁是真凶了！

已经蒙冤入狱 10 年的安迪燃起了一丝希望，他向监狱长诺顿提出，希望能重新审理此案，以帮助自己翻案。然而，经常收受各种贿赂的监狱长诺顿一直利用精通财务和税务的安迪帮他洗钱和报税，因此并不希望安迪获释。于是，监狱长设计残忍地杀死了汤米——只要没有汤米这个证人，安迪的冤屈就不可能翻案，这样安迪就不得不一直留在监狱里免费为监狱长服务。汤米的死，把安迪翻案出狱的希望之火彻底浇灭了。

不过，安迪并没有绝望。在一个电闪雷鸣的风雨夜，在肖申克监狱已经服刑了 19 年的他成功越狱，这震撼了肖申克监狱里的每个人！原来，19 年来，安迪每天都用一把小鹤嘴锄在墙上挖洞，并用一幅海报将墙上的洞口遮住。安迪从洞里出去后找到了监狱的污水管，并从 500 米长且充满粪便的污水管里成功爬出监狱。安迪最终在污水管外的河里脱去了身上的囚衣，也洗去了身上的恶臭，自我救赎，重获自由！

看了这部电影，不得不让人赞叹安迪超强的自控力。没有这样的自控力，安迪不可能在 19 年时间里每天都坚持努力，挖通了从监狱墙壁通往自由世界的洞；没有这样的自控力，安迪也不可能从 500 米长充满粪便的污水管里爬出去。用电影里安迪对汤米的原话来说："要冲就冲到底，百分之百努力，不可半途而废。"

当然，《肖申克的救赎》并非真人真事，而是一部电影，该片改编自斯蒂芬·埃德温·金（Stephen Edwin King）1982年写的同名中篇小说。不过，世界上确实有很多真实的越狱。逃离奥斯维辛集中营就是其中之一。

奥斯维辛集中营是 1940 年 4 月 27 日纳粹德国在波兰奥斯维辛建立的劳动营和灭绝营之一，也是德国纳粹建立的最大集中营。奥斯维辛集中营大规模屠杀的背景是纳粹德国的种族主义和反犹太主义政策。据统计，有超过一百万人在奥斯维辛集中营被害，其中 90% 是犹太人。可以说，奥斯维辛集中营是人类历史上最为黑暗的时刻之一。1947 年，波兰国会将奥斯维辛集中营改为纪念纳粹大屠杀的国家博物馆，以纪念二战期间在奥斯维辛集中营被纳粹德国屠杀的上百万人。1979 年，联合国教科文组织将奥斯维辛集中营列入世界文化遗产。如今奥斯维辛集中营国家博物馆每年接待超过 200 万的世界各地游客。

据记载，奥斯维辛集中营存在期间，有 144 人成功逃脱。《逃离奥斯维辛》的作者鲁道夫·弗尔巴（Rudolf Vrba，1924—2006）就是其中之一，他在书里讲述了 70 多年前的逃离经历。

1942 年，年仅 17 岁的捷克斯洛伐克犹太人鲁道夫·弗尔巴被德国纳粹逮捕并送往奥斯维辛集中营。在集中营的 21 个月时间里，他目睹了无数人被屠杀，自己也十几次面临死亡威胁。1944 年 4 月 9 日，鲁道夫·弗尔巴和朋友阿尔弗雷德·维兹勒（Alfred Wetzler）成功逃脱。鲁道夫·弗尔巴也因此被称为"第一位从奥斯维辛集中营逃出来的犹太少年"。

1944 年 4 月 7 日，鲁道夫·弗尔巴和阿尔弗雷德·维兹勒开始了他们的逃离计划。其他人越狱失败的教训让他们意识到，只要能躲过纳粹看守前三天的地毯式疯狂搜索，他们就成功了一半。那么，究竟如何才能在纳粹看守的眼皮底下藏身？如何才能躲过纳粹看守连续三天的地毯式疯狂搜索，特别是纳粹猎犬的追踪呢?

当时,他们在集中营旁边发现了一堆用来建造新棚屋的厚木板。他们剪开铁丝网,藏在木板下面。在木板下面,鲁道夫·弗尔巴准备了浸过汽油的烟草,这让他们成功摆脱了嗅觉灵敏的猎犬的搜索。等到纳粹看守放弃搜索后,他们两人再朝波兰与捷克斯洛伐克边境方向徒步前进,在 11 天时间里,他们边躲藏边逃跑,行进了 80 英里(约 129 千米),最终成功越狱。

抵达捷克斯洛伐克后,鲁道夫·弗尔巴和阿尔弗雷德·维兹勒与当地犹太人委员会进行了联系。他们提供了在奥斯维辛集中营发生的大屠杀的细节。他们估计 1942 年 6 月至 1944 年 4 月在奥斯维辛集中营被杀的犹太人约为 175 万。1944 年 6 月,32 页的《弗尔巴－维兹勒报告》(*Vrba-Wetzler Report*)出版。这是传递到自由世界的有关奥斯维辛集中营的第一个信息,并被认为是可信的。1944 年 9 月,鲁道夫·弗尔巴加入捷克斯洛伐克游击队,后来因表现勇敢而被授予勋章。战后,他在布拉格查尔斯大学读生物和化学专业,并获得了博士学位。后来,他移居加拿大温哥华,成为加拿大英属哥伦比亚大学(University of British Columbia,简称 UBC)医学院药理学系生物化学教授,是世界著名的医学家。鲁道夫·弗尔巴后来也经常作为一名鉴定证人,在对纳粹的审判中多次出庭作证,并且经常在北美各地做关于德国纳粹屠杀犹太人的演讲。

可以说，没有强大的自控力，鲁道夫·弗尔巴和阿尔弗雷德·维兹勒就不可能越狱成功！我们经常说，艺术来源于生活。电影《肖申克的救赎》里安迪的成功越狱与鲁道夫·弗尔巴和阿尔弗雷德·维兹勒成功逃离奥斯维辛集中营，都体现了坚持的力量。数学公式 $1.01^{365}=37.8$ 告诉我们，只要坚持每天比前一天增长 1%，一年 365 天后就可以增长到原来的 37.8 倍之多！请记住，这个世界上，坚持是最难的事，也是最容易帮助你获得成功的事。成功的人和普通人之间最大的区别之一，就是能否控制自我、坚持努力。不论是身患绝症的刘大铭，还是双目失明的席娜·艾扬格，或是双腿截肢的夏伯渝，他们获得成功的共同原因也都是控制自我、坚持努力。

本章小结

提高自控力的策略有哪些?

※ 明确目标(立 Flag)和远离诱惑策略。

※ 读荷马史诗《奥德赛》中的自控力策略:提前承诺。

※ 如何唤醒头脑中的"冷静系统"。

※ 肖申克的救赎——安迪如何坚持 19 年,最后成功越狱?

第五章

避免诱惑，
无欲则刚

如何 40 天减重 8 斤？

2023 年 9 月 1 日，我发起了一个付费社群"成长圈"，目前已有超过 1 500 人加入。10 月 30 日，我在"成长圈"公开立了一个 Flag：我要在 2023 年 12 月 31 日之前减重 8 斤，欢迎大家监督我。

确实，2023 年前 10 个月，由于没怎么锻炼，我的体重增加了 8 斤。在 2023 年最后的 2 个月时间里，我希望自己能够加强锻炼，成功减重。

立了 Flag 后，我开始每天步行一万步。怎么做到呢？首先，我把自己早晚高峰时间上下班从开车改为步行，这样就比原来开车上下班每天多走了几千步。当我看到路上拥堵的车辆时，我还为自己的环保行为感到骄傲和自豪。

由于我家离学校很近，光靠上下班步行还不够一万步。怎么办？11 月，北京仍然是秋天，秋色非常美。有空的时候，我也经常和母亲边逛公园赏秋色边锻炼：清华园、北大燕园、颐和园、圆明园、奥林匹克森林公园……都留下了我们的足迹。

很快到了 12 月，冬天来了，气温降到了零度以下，美丽的秋色也不见了，怎么办？我又发现了一个好方法，每天午餐后和母亲一起沿着清华东路散步。中午气温高，即使已经入冬，也相对暖和，仍然可以在温暖的阳光下享受步行。每天从清华大学沿着清华东路走到 3 公里外的北沙滩，然后返回，我们就差不多完成了一万步。

慢慢地，每天一万步成了习惯。直到今天我仍然坚持，并且非常喜欢。

当然，每天一万步的运动并不太够，我也进行别的运动。由于膝盖受过伤，没法进行跑步、打球等运动，我想到了游泳。不过，游泳不太方便。怎么办？

五星级酒店里有比较好的游泳设施，于是我决定去酒店游泳。平时，我非常喜欢在一家五星级酒店做 SPA，还是 VIP 会员。SPA 客人可以免费使用健身房和游泳池。以前，我嫌冷不太愿意游泳，但现在为了完成减重目标，于是就在做 SPA 前去游泳，感觉冷就去桑拿房蒸一会儿，让全身热起来，高温蒸汽还能杀死冬天流行的呼吸道病菌。

慢慢地，游泳也成了我的运动习惯。每次出差，我也都会带上泳衣。有一次我去厦门出差，住在厦门的地标建筑双子塔里的康莱德酒店。康莱德酒店的游泳池在 50 多层，风景非常好，可以看见鼓浪屿和厦门大学。有趣的是，偌大的一个泳池却只有我一个人游泳。我问救生员："平时这里都没什么人吗？"他笑着回答我："是啊，大多数人都不爱游泳，你看酒店自助餐厅里有那么多人吃饭，但是却没几个人愿意来游泳。"确实如此，即使酒店的游泳池和健身房对酒店客人免费开放，但大多数客人可能都没有足够的自控力坚持运动。

不过，减重确实不容易。到了 2023 年 11 月 20 日，我才减了 4 斤，虽然实现了一半的目标，但之后就减不下来了。看来，光靠每天步行一万步和偶尔的游泳还是不够。于是，我决定开始在饮食上进行控制。

没立 Flag 之前，我的嘴巴还是很馋的，经常吃零食。冬天，北京街头有非常多的糖炒板栗，我经常买一袋吃，热乎乎的板栗就是冬天里的快乐。另外，家里的水果很多，我爱吃家乡特产文旦柚，一次就能吃一大个。晚上玩手机或看影视剧时，一罐山核桃也经常被我一个人吃光……立了 Flag 后，我开始减少吃零食，甚至要求家里不要再买零食了。

不过，控制饮食真的不容易。家人，特别是母亲仍然拼命地给我各种好吃的，如果不吃我就会感觉对不起她。结果，我还是吃了不少。后来我专门与母亲沟通，希望她帮助我减重，而不是让我增重。我要让家人特别是母亲在我减重这件事情上和我目标一致。于是我对母亲说："我正在减重，请帮助监督我，千万不要给我各种好吃的，那样我容易抵抗不了诱惑。"

就这样，在坚持步行、游泳和控制零食后，2023 年 12 月 11 日，我开心地发现，减重 8 斤的目标提前 20 天就已经实现了。我的腰围小了，以前穿不上的裤子能重新穿了，这让我非常开心，同时我也提醒自己不要骄傲，要努力保持。否则，体重很快就会反弹，裤子也会再次穿不上。

达到减重目标之后，我开心地在"成长圈"里分享，用自己成功减重的经历鼓励更多人，希望每个人都可以做到！而且，没必要等新年才立计划和 Flag，而是应该现在就开始！在我分享之后，看到更多的朋友在"成长圈"里立下了关于学习、减肥或赚钱等的 Flag。我非常开心，这是一群志同道合的人，互相监督，共同成长！

"减少诱惑"的多种策略

回顾 40 天减重 8 斤的亲身经历，我实际上运用了多种自控力策略。其中，立 Flag 就是明确目标，远离零食则是避免诱惑。

在第二章中，我们说到了自我控制的本质可以用一个模型来表示：

$$自我控制 = 自控力 - 诱惑$$

从上面的公式我们可以看出：当人们的自控力大于诱惑时，就可以成功地进行自我控制；而当人们的自控力小于诱惑时，自我控制就会失败。

根据这个模型，人们提高自我控制成功可能性的基本方法有两种：①减少诱惑；②增强自控力。

在上一章说到的芝加哥大学商学院的史蒂芬·霍克教授和乔治·鲁文斯坦教授那篇经典自控力论文里，他们不仅提出减少诱惑这一自控力策略，还提出了减少诱惑的四种不同策略。

1. "避免"策略

所谓"避免"策略，就是尽量避免和诱惑接触。

以减肥为例。希望减肥的人，一定要尽可能地远离各种不健康食品。如果家里的零食随处可见，你会很难对零食说"不"。毕竟，诱惑就摆在面前。因此，减肥的第一步就是不给自己家里或办公室买任何零食。

再以戒烟为例。希望戒烟的人，一定要尽可能地远离香烟。把家里或办公室里的香烟都处理掉，这样烟瘾上来时就不会屈服于眼前的诱惑。同时，要远离其他吸烟的朋友。不然，当朋友给你递烟时，你很难说"不"。类似地，对于一个希望戒酒的人，一定要尽可能地远离酒。同时，要远离其他喝酒的朋友。不然，当朋友招呼你来一杯时，你也很难说"不"。

再以戒毒为例。由于毒品上瘾之后非常难戒，所以不论是国内还是国外，通常戒毒还需要去戒毒所。而戒毒所的功能之一就是保证戒毒人员远离诱惑。

在感情生活上，要离开恋爱对象也需要自我控制。很多人恋爱后发现对方并不适合，于是决定分手。然而，对方通常并不愿意，于是就会经常纠缠。而提出分手的一方，如果这时候还没有更好的恋爱对象，就很容易被对方感动又旧情复燃。因此，如果你确定对方真的不适合，那么和对方分手最好的方法之一就是——远离对方。有些人为了做到远离对方，甚至不惜离开一起待的城市或者国家。

2.“推迟”策略

很多时候我们无法“避免”诱惑。当诱惑就在身边时，我们该怎么办？这时，“推迟”就成为一种非常有效的自我控制策略。

以过度消费为例。逛商场时，如果看到喜欢的东西就要买，那大概率你会很快破产。有经验的消费者会给自己制定一个购物规则：不要在第一次看到某个商品时就购买。这就是“推迟”策略。在购买贵重商品时，这种策略的应用非常普遍，例如买车、买手表以及其他奢侈品等。

很多消费者有使用“推迟”策略进行自我控制的经验。当商家向消费者推销商品时，有经验的消费者往往会说：“我再逛逛。如果没有更好的，我就回来买。”研究发现，消费者这样说可以大幅减少冲动购物。

"推迟"策略之所以奏效，关键在于"推迟"之后，诱惑在时间和空间上就远离你了，因此诱惑就变小了。例如，当在汽车展厅看到一辆非常喜欢的车时，你会被它漂亮的外观和豪华的内饰吸引，立刻产生购买的欲望。然而，当你"推迟"了购买决策后，回到家里，看到自己那辆已经开了 5 年的车，你可能会想："其实现在这辆车也不错，没必要浪费钱再买一辆新的。"

所以，请你一定记住，如果无法"避免"某种诱惑，那么请不要立刻做决策，而是"推迟"一下。给自己留一点余地，这样就可以显著提高自己的自我控制能力。

3. "干扰"策略

在第一章的棉花糖实验中，孩子们如何对棉花糖的诱惑进行自我控制？沃尔特·米歇尔教授和同事进一步研究发现，如果让孩子们在面对棉花糖的诱惑时进行自我"干扰"（例如，把棉花糖想象成云），孩子们的自我控制水平就会大幅提高。

"干扰"是一种非常有效的自我控制策略。当人们的注意力被别的事物分散时，原来的诱惑就没有那么大了。例如，戒烟的人通过吃戒烟糖或其他食物来转移注意力，以缓解烟瘾。又如，很多人在失恋后会把自己埋入到努力工作之中，从而帮助自己忘记前任，成功控制住再去找前任复合的欲望。这些都是"干扰"策略。

努力锻炼也是一种非常好的"干扰"策略。锻炼可以刺激大脑分泌多巴胺，使人感到舒适和快乐。因此，不论是要帮助自己忘记前任，还是要帮助自己戒烟，努力锻炼不但可以提高自控力，还可以让身体更健康。类似地，读书也是一种"干扰"策略。当人们被一本书的内容吸引时，会忘记曾经的诱惑。

4."替代"策略

"替代"策略是指人们为了抵御诱惑，给自己一个更小的即时奖励。例如，戒酒的人可以喝无醇啤酒或者酒精饮料来替代酒。又如，节食者在面对薯片的诱惑时，可以吃低卡路里的其他小零食来替代高卡路里的薯片。失恋的女人经常会和闺蜜在一起，以帮助自己渡过失恋的难关。

孩子如何抵御手机等电子产品的诱惑

今天，手机等电子产品的普及，在帮助孩子学习的同时，也带来了负面影响。说句公道话，我们成年人都很容易手机上瘾，更不要说孩子了。因此，如何帮助孩子抵御手机等电子产品的诱惑，成为家长最关心的问题之一。

2023 年国庆节，在第三期"读书改变命运——与清北名师 & 学霸面对面"夏令营中，我邀请了刚被清华大学和北京大学本科录取的三位大学生分享他们的学习经验。当被问到如何抵御手机的诱惑时，三位同学的回答让我和在场的家长们都大吃一惊。

第一位同学来自浙江宁波，是清华大学自动化系的大一新生，高考分数超过 700 分，其中数学是满分。听到我的问题后，她回答说："手机？我们中学不允许学生带手机。我初中和高中 6 年都住校，所以没有手机，因为学校不允许。"

第二位同学来自福建莆田，是北京大学医学部的大一新生，高考分数为 699 分，是莆田市状元。他说："我中学里没有手机。我确实曾经很想要一部手机，但是后来父母和我沟通，父母说手机容易上瘾，会给学习带来干扰，所以我同意暂时不买手机，等高中毕业后再买。"

第三位同学也来自福建莆田，是北京大学信息科学技术学院计算机专业新生，高考分数为 697 分，是莆田市榜眼。他说："我和刚才那位同学差不多，我们俩经常一起玩，我们都没有手机。"

三位高分被清华和北大录取的同学在中学时竟然都没有手机！他们的回答真的让我和许多在场的家长感到不可思议。其实，他们和家长采取的自控力策略就是"避免"诱惑。可以说，在帮助孩子抵御手机等电子产品诱惑上，这个策略最简单。因为，没有手机，哪里来的手机诱惑？

我后来建议所有家长，尽量不给孩子买手机或者推迟买。因为，有了手机就有了诱惑，许多孩子就会玩手机上瘾，最后甚至欲罢不能，也就很难专心读书了。

当然，很多家长都会问，家里的孩子已经有了手机，而且已玩手机上瘾，怎么办呢？面对这种情况，解决办法是把使用手机作为孩子努力学习或获得优秀成绩后的奖励，具体策略和方法我们在第六章里详细讨论。

冰淇淋实验

2009 年，斯坦福大学的营销学博士生阿纳·塞拉（Aner Sela）、沃顿商学院的营销学教授乔纳·伯杰（Jonah Berger）和加州大学洛杉矶分校的营销学教授温迪·刘（Wendy Liu），在全球营销学顶尖学术期刊《消费者研究学报》上发表了一篇论文。他们提出，提高诱惑的多样性会提高决策的难度，并能帮助人们提高自控力，因为人们在困难的决策中更难找到选择享乐品（奢侈品或有害品）的理由。

为了验证这个理论，他们做了个有趣的"冰淇淋实验"。实验共有 121 名被试，他们被随机分配到实验组和对照组中。研究人员向所有被试都展示了一系列冰淇淋图片，包括美味但不太健康的经典冰淇淋和更健康的低脂冰淇淋两大类，让被试选择。聪明的你可能已经看出来了，这是在测试被试的自控力。选择第一种冰淇淋（美味但不健康的经典冰淇淋）意味着低自控力，选择第二种冰淇淋（更健康的低脂冰淇淋）意味着高自控力。

在自变量"选项多样性"的操纵上，实验组与对照组面对的选项数量不同。对照组只有 2 个选项（一个是经典冰淇淋，另一个是低脂冰淇淋），而实验组则有 10 个选项（5 个经典冰淇淋，5 个低脂冰淇淋）。显然，被试面对 10 个选项比在 2 个选项之间选择更困难。

"冰淇淋实验"的结果非常有趣。在有 2 个选项的低多样性组（对照组）中，只有20%的被试选择了低脂冰淇淋。与之相比，在有 10 个选项的高多样性组（实验组）中，有 37% 的被试选择了低脂冰淇淋。二者之间的差异在统计上是显著的。这说明，选择的多样性直接影响了自我控制决策。当面对有限多样性进行选择时被试更容易被不太健康的冰淇淋吸引，自控力较低；而当面对丰富多样性进行选择时，更多被试选择了更健康的冰淇淋，自控力较高。

为了进一步了解人们在真实选择场景中的食物偏好，阿纳·塞拉、乔纳·伯杰和温迪·刘研究团队，又进行了一个有趣的"饼干 VS 水果实验"。与冰淇淋实验不同，这次实验并没有随机分组，研究人员在一天之内观察人们的真实选择。他们在斯坦福大学的一幢楼的两端出口各放了一张桌子，桌上的托盘上写着"欢迎品尝，限取一个"。在其中一个托盘里，摆满了 6 种饼干（包括巧克力饼干、燕麦葡萄干饼干、白巧克力饼干、M&M 饼干、迷你羊角面包和香蕉坚果松饼）和 6 种水果（包括香蕉、红苹果、梨、青苹果、橘子和桃子）。而在另一个托盘里，只摆了 2 种饼干和 2 种水果。为了让实验结果不受到地点的影响，两个托盘在一天之内对调一次。聪明的你应该已经看出来了，不同的托盘是对自变量"选项多样性"的操纵，而人们的实际选择则是对人们自控力的测量——选择饼干意味着更低的自控力，而选择水果则意味着更高的自控力。

"饼干 VS 水果实验"的结果让研究团队振奋。共有 75 个斯坦福大学的学生参加了该实验。其中，面对只有 2 种饼干和 2 种水果的托盘（低多样性组），有 55% 的人选择了更健康的水果；相比之下，面对 6 种饼干和 6 种水果的托盘（高多样性组），有 76% 的人选择了更健康的水果。这说明，"饼干 VS 水果实验"与"冰淇淋实验"结果一致：当面对有限多样性进行选择时，被试更容易被不太健康的饼干吸引，自控力较低；而当面对丰富多样性进行选择时，更多被试选择了更健康的水果，自控力较高。

在这个纷繁复杂的世界里，我们常常会陷入满足味蕾和关爱健康的两难境地。"冰淇淋实验"与"饼干 VS 水果实验"这两个实验揭示了一个事实：每个人的自控力都受到具体情境的影响。因此，要提高自控力，我们需要了解更多影响自控力的各种情境因素以及背后的科学。在后面的章节，我将和大家分享更多自控力领域有趣的研究和实验。

曾国藩：从农村笨小孩到
晚清四大名臣之首

在中国近代的历史人物中，曾国藩可谓是高自控力的典范。从一个农村笨小孩，一路成长为晚清四大名臣之首，曾国藩靠的就是超乎常人的自控力。可以说，曾国藩的自控力不仅改变了他个人和家族的命运，也改变了中国的历史。

毛主席就很佩服曾国藩，他在《致黎锦熙书》中写道："愚于近人，独服曾文正。"这是毛主席对曾国藩的高度评价，意思是，所有近代的人，我只佩服一个，那就是曾国藩。

清嘉庆十六年（1811 年），曾国藩出生于湖南长沙府湘乡荷叶塘白杨坪（今湖南省娄底市双峰县荷叶镇天坪村）的一个普通家庭，祖祖辈辈以务农为生。根据曾国藩家谱，从南宋末年一直到曾国藩的爷爷，五六百年里，曾家竟然连个秀才都没出过，一直都是面朝黄土背朝天的农民。

到了曾国藩的祖父曾玉屏这一代，家里经济开始比较宽裕，曾玉屏希望家里出读书人。于是，曾玉屏开始培养自己的儿子曾麟书，也就是曾国藩的父亲。然而，曾麟书的智商非常低——从 14 岁开始考秀才，整整考了 16 次，考到 40 多岁，头发都白了，还是没考中秀才。

由于遗传原因，曾国藩天资并不优秀，小时候常被称为笨小孩。关于少年读书时曾国藩的愚笨，湖南民间流传着这样一则故事。小时候的曾国藩，为了背诵一篇文章，熬到深夜，但却始终背诵不下来。令他没想到的是，在他屋内的房梁上有一个小偷，想等曾国藩读完书熄灯后行窃。小偷见曾国藩诵读文章到深夜还不能背诵，实在待不下去了，竟然忘记了自己的身份和来曾国藩家的目的，从房上跃身而下，气呼呼地对曾国藩说："就一篇文章，你读了这么久，居然还不能背诵。"随后，小偷一字不落地背诵了一遍，然后大摇大摆地走了。

曾国藩 14 岁时，爷爷曾玉屏让曾国藩父子两人一起去考秀才。然而，父子俩连考 5 次都没有考中。这件事也成了曾国藩家乡的笑话。

清道光十二年（1832 年），曾麟书和曾国藩父子第 6 次并肩从老家出发到县城赶考，这一年曾国藩 22 岁，曾麟书 43 岁。

发榜当天，父子俩一大早就去看。苍天不负有心人，这一次，曾麟书终于考中了秀才！

可曾国藩还是没有考中，而且，不仅没有考中，还上了批评榜。原来，当时湖南学政亲自批阅试卷，看到曾国藩的文章时，气得大骂："什么鬼文章，文理浅薄，竟然也敢来考试！"于是，湖南学政决定当众张贴告示，把曾国藩的名字放上了批评榜。这件事，后来被曾国藩视为"平生五大耻辱"之一。

虽然连续 6 次考试失败，但曾国藩从未想过放弃。曾国藩知道，勤能补拙，要弥补自己智商的不足，只有付出超人的努力。于是，他把耻辱化为动力，更加努力地学习，整天在书房里埋头拼命苦读。从第 6 次落榜那一天起，曾国藩几乎在书房里待了整整一年。

李鸿章曾当着曾国藩的面说他"儒缓"，就是反应有点慢，其实就是笨。曾国藩知道自己资质不高，所以从来不用巧劲，该下苦功夫就下苦功夫。

曾国藩后来说："功业文章，皆须有倔强二字贯注其中，否则柔靡不能成一事。孟子所谓至刚，孔子所谓贞固，皆从倔强二字做出。"这里的倔强，其实就是不认输和坚持努力。能够做到这一点，我们可以看出曾国藩的自控力之强。

清道光十三年（1833 年），曾国藩再次参加科举考试，这一次他终于成功考取了秀才。尽管曾国藩的成绩只是录取榜单上的倒数第二名，但考中秀才这件事情给了曾国藩极大的激励。他从此明白了一个道理，只要努力，一定会有回报。于是，他更加努力学习，准备参加在省里举办的乡试（古代的科举考试分三级：秀才考试是县里举办，称为院试；举人考试是省里举办，称为乡试；进士考试是朝廷举办，称为会试）。

清道光十四年（1834 年），曾国藩进入长沙岳麓书院读书。岳麓书院是中国历史上赫赫闻名的四大书院之一，迄今已有上千年的历史（创立于公元 976 年），也是世界上最古老的学府之一。去岳麓书院读书给了曾国藩极大的帮助。这一年，曾国藩参加湖南乡试，中了第三十六名举人。这个成绩再次激励了曾国藩，他开始准备来年去北京参加进士考试，即会试。

然而，考进士比考举人难度要大很多。清朝时，会试每三年举行一次，每次只录取三四百人。这么低的录取人数，都不如我们现在任何一个大学的录取人数多。比如，清华大学和北京大学，每年都要录取大约 3 000 名本科生。由此可见，考进士比考清华北大还要难。

清道光十五年（1835 年），曾国藩参加会试，但未中进士，于是返回长沙读书。清道光十八年（1838 年），曾国藩再次参加会试，这一次他终于成功登第，殿试位列三甲第四十二名，赐同进士出身。自此，曾国藩开始正式踏上仕途。可以说，曾国藩的资质并不高，但却靠超人的自控力考上了进士，还成就了许多人无法实现的丰功伟绩。

曾国藩的自控力除了表现在参加科举屡败屡战外，还表现在生活上。很多人当官后，手握大权，由于面临许多诱惑，往往控制不住自己。古往今来，很多人青少年时自控力很强，靠苦读获得功名，然而功成名就后却丧失了自控力，在权力面前迷失了自己，有的甚至成为贪官污吏，最后锒铛入狱。曾国藩虽然在朝为官，却没有以权谋私。因此，从这一点上来说，曾国藩的自控力不仅值得青少年学生学习，也值得仕途人士学习。

在对待财富上，曾国藩的自控力也堪称楷模。曾国藩为官30多年，工资俸禄近百万两白银，去世时却没给两个儿子留一分钱。曾国藩在写给弟弟曾国荃的信中说："昔年林文忠公有三个儿子，分家时各人仅得钱六千串。林公身膺督抚要职20余年，其家底清寒如此，高风劲节，实不可及。吾辈当以为法！"这里，曾国藩说的林文忠公是林则徐。林则徐有句经典家训："子孙若如我，留钱做什么？贤而多财，则损其志；子孙不如我，留钱做什么？愚而多财，益增其过。"曾国藩和林则徐一样，不想留钱财给后人，因此一生非常清廉。

在对待美色上，曾国藩的自控力也非常高。古人云："食色，性也。"对美色的爱好，是男人的天性之一。曾国藩作为一个正常的男人，当然也容易对美色动心。曾国藩在京师时，听说有一位朋友刚娶了一个小妾，长得十分漂亮，便十分羡慕，一定要去他家看一看。到了朋友家里，曾国藩见朋友的小妾确实十分漂亮，就忍不住多看了几眼，还评头论足，口出戏言，非常不敬。回到家后，曾国藩想起先儒"非礼勿言""非礼勿视"的教诲，十分后悔，自责不已。于是，他把当日言行写进日记，每日翻看自省。由此可见，曾国藩既是正常的男人，但同时又懂得自省，这正是自控力的体现。

其实，以曾国藩后来的身份地位及当时的社会风俗，娶十个八个小妾也属正常，可曾国藩一直没有纳妾。51 岁时，身为湘军主帅的曾国藩由于身患牛皮癣，瘙痒难忍，夜里无法入睡，才把身边一个帮他抓痒的丫头纳为妾。这就是曾国藩唯一的小妾陈氏。由此可见，曾国藩在面对美色时确实非常有自控力。

正是因为曾国藩超高的自控力，他最后才能成为晚清四大名臣之首：从农家子弟考上进士，到创立湘军、平定太平天国、发起洋务运动，曾国藩对清王朝和中华民族的政治、军事、文化、经济等方面都产生了深远的影响。

可以说，出身农村、智商平平的曾国藩真的是每个普通人学习的榜样。为了帮助更多中小学生学习曾国藩，2023 年 1 月和 2024 年 1 月，我都在长沙举办了"学习曾国藩，成为未来领导者"的冬令营。这个冬令营以"曾国藩的人生经历"为主题，带孩子们去曾国藩读书的岳麓书院和他在湖南娄底的故居富厚堂现场访学，以激励孩子们找到自己的人生目标。

在这两期以曾国藩为主题的冬令营中，我给参加冬令营的每个中小学生都布置了一项作业：给父母写一封信。在这封信里，孩子们要认真思考自己未来的人生目标，并提出自己接下来的具体计划，以实现人生目标。我没有想到的是，有个来自深圳的初三学生在冬令营结束之后，竟然主动把手机交给了妈妈，并对妈妈说："妈妈，我想明白了，我的目标是要考上好大学，而要想实现这个目标，我必须努力读书，先考上一个好的高中。所以，我现在把手机交给您，以后每周我只看一小时手机就可以了。"她的妈妈后来在我去深圳时执意要请我吃饭，当她告诉我这个消息时，我感到非常自豪。

本章小结

如何让自控力战胜诱惑?

※ 减重的关键策略之一就是要减少零食等各种诱惑。

※ 减少诱惑的四大策略:避免、推迟、干扰、替代。

※ 来自清北学霸的抵御手机诱惑的简单妙招。

※ 冰淇淋实验:提高多样性会提高决策难度,并能帮助人们提高自控力。

※ 从笨小孩到朝廷重臣——曾国藩如何成为历史名人?

第六章

努力和优秀，
以获得享乐资格

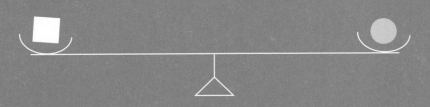

努力实验

在第三章中，我们说到了罗伊·鲍迈斯特教授著名的萝卜实验及其理论——自控力是一种有限的资源。在哥伦比亚大学读博士期间，我的毕业论文主题就是自控力。我的博士论文导师是冉·凯维兹（Ran Kivetz）教授，他是来自以色列的犹太人，2000 年毕业于斯坦福大学商学院，他的导师是斯坦福大学商学院的著名教授伊塔玛·西蒙森（Itamar Simonson），著名的"折中效应"的发现者。

我的导师冉·凯维兹教授也是自控力研究领域的大师级人物之一，他的人生经历非常传奇。以色列推行"全民皆兵"的兵役制度，年满 18 周岁的以色列公民都必须服兵役。冉·凯维兹教授当兵时是空军飞行员，开过战斗机，非常厉害。他的学术能力也非常强。全球顶级商学院终身教职非常难获得，优秀的助理教授需要在 6~8 年内发表多篇顶级期刊论文才能获得终身教职资格，此后还需要 6~8 年才能成为正教授。凯维兹教授入职哥伦比亚大学后，只花了 3 年就获得了终身教职，又只花了 3 年就成为正教授。在 2000—2006 年间，他是在营销学术界四大顶级期刊［分别为《营销研究学报》（*Journal of Marketing Research*）、《消费者研究学报》（*Journal of Consumer Research*）、《营销科学》（*Marketing Science*）、《营销学报》（*Journal of Marketing*）］上发表论文数量全球排名前三的学者。我有幸成为冉·凯维兹教授的第一个博士生，成为同门中的"大师兄"。由于导师的研究能力很强，所以带出来的博士生都非常优秀，毕业之后大都去了美国的名校任教，包括去哈佛商学院任教的师妹，去沃顿商学院和芝加哥大学商学院任教的师弟们等。

由于博士论文对创新性的要求非常高，导师要求我必须提出一个前人未发现的理论或现象。于是，在熟读罗伊·鲍迈斯特教授经典的"萝卜实验"及其理论后，我告诉导师我有了一个大胆的想法：或许，罗伊·鲍迈斯特教授的理论只是硬币的一面。

当时，我的想法是，尽管人们的自控力是一种有限的资源，但在很多情况下，人们并不会因为做了一些努力后就耗尽了自控力资源；相反，人们在努力之后仍然有自控力资源，只是人们会给自己一个放松或享受的理由——我努力过了，现在可以放松或享受一下了。

我的理论和罗伊·鲍迈斯特教授的理论的最大差别在于：他认为自控力是一种有限的生理资源，耗尽后就无法进行自我控制；而我则认为在很多情况下，人们仍然有自控的生理资源，只是在努力之后，心理上希望放松以奖励自己。

我们来举个例子。比如，你是不是经常在工作一段时间后会放松一下？这并不是因为你已经没有体力坚持工作了，而是你心里想放松一下来奖励自己。又如，高考时，学生可以坚持 2 到 3 个小时努力答题，但在平时，很多学生做半小时作业就想放松一下（例如吃个零食、喝点饮料等）。很多时候，吃零食并不是因为身体没有能量了，而仅仅只是因为我们想奖励自己。

导师冉·凯维兹教授非常喜欢我这个大胆的理论假设。说这个理论假设大胆，是因为罗伊·鲍迈斯特教授是自控力领域全球最权威的研究学者之一，甚至开创了一个学派——由于他提出自控力是一种有限的资源，容易被损耗，因此罗伊·鲍迈斯特教授和支持他这一理论的研究者们被称为"自我损耗"（Ego Depletion）学派。在每年的美国消费者研究协会（Association for Consumer Research，简称 ACR）年会中，都有大量该理论的支持者以"自我损耗"为研究主题进行专题讨论。而我的理论假设竟然认为罗伊·鲍迈斯特教授的理论只是硬币的一面，不可谓不大胆！

总之，我当时非常兴奋，于是在导师的指导之下做了一系列实验，最后确实发现，人在努力之后会放松自我控制，而且并非罗伊·鲍迈斯特教授提出的原因（自控力是有限的资源），而是由于他们希望奖励自己的心理动机。2006年，我和导师的这篇论文发表在全球心理学界的顶尖期刊《实验心理学学报》（*Journal of Experimental Psychology: General*）上。

当时，我做的第一个实验就是"努力实验"。实验时，我把哥伦比亚大学的学生被试随机分成2个小组，要求他们都要参加英文字谜任务。每个被试都被要求解10个英文字谜（Anagram）。举个例子，被试看到6个英文字母IRENFD，会被要求重新排列这些字母，以组成正确的英文单词。这个字谜的答案是FRIEND（朋友）或FINDER（发现者）。你是不是发现，有一定的难度？

"努力实验"的核心是对自变量"努力"的操纵。实验中，我把两个小组操纵为低努力组和高努力组：在低努力组，每个被试只需要给每个字谜想出1个答案；在高努力组，每个被试需要给每个字谜想出2个答案。显然，想出2个答案要比想出1个答案付出更大的努力。

当被试完成全部的字谜后，他们被要求参加另外一个不相关的任务。在该任务中，被试可以选择完成以下两项之一：一项是看一些好莱坞热门影片的片段并对电影进行评价，另一项是填写一份冗长的问卷进行自我测评。他们被告知：好莱坞热门影片评价会很好玩；而进行自我测评会得到更大的好处（自我测评会提供反馈，告诉被试性格中有哪些优点和缺点，以及需要改进和提高的地方），不过会比较辛苦（问卷冗长），也会有些尴尬（被试的性格缺点会暴露出来）。

聪明的你是不是看出来了？被试对这两项任务的选择，实际上是对他们自控力的测量——在这里，自我控制体现为被试在一个轻松却无益的任务（观看和评价好莱坞热门影片）和一个痛苦却有益的任务（进行自我测评）之间的选择。我们每个人其实都经常面临这样的自我控制两难选择。例如，玩游戏比较轻松快乐，但对我们没有什么益处；学习比较痛苦，但对我们有益处。最后，在被试做出选择之后，他们还填写了一些个人信息，实验就结束了。

在对实验结果进行分析后，我发现，高努力组更多地选择了好莱坞电影评价任务。这说明，由于付出了更高的努力，高努力组的被试放松了自我控制。后来，我又进行了多个类似的"努力实验"，通过不同的努力操纵和不同的因变量测量（例如，在高热量蛋糕和低热量沙拉之间进行选择），也重复发现了这个现象。

不过，我的这个研究发现还需要排除其他解释。对于我的这个研究发现（更高的努力降低了人们的自我控制），当时罗伊·鲍迈斯特学派的"自我损耗"理论就是一个非常厉害的其他解释：由于自控力是有限的资源，因此高努力组的被试耗尽了自控力，无法在后面的任务中选择还需要自控力的任务（自我评价任务）。由于罗伊·鲍迈斯特学派当时在自控力研究领域占据统治地位，可以说，这个解释是横亘在我面前的一座大山。如果我不能排除这个解释，那么我的新理论就无法被学术界接受。

那么，我提出的新理论到底有什么不同呢？罗伊·鲍迈斯特学派认为，付出更大的努力后，人们放松自我控制是因为精疲力竭，生理上没有能力进行自我控制。然而，我并不觉得做了10道字谜题就会让人们精疲力竭，相反，我提出的理论是——人们在努力之后，会把放松自我控制作为一种自我奖励。这是心理上的结果，而非生理上的。

为了排除罗伊·鲍迈斯特学派的"自我损耗"解释，我又做了个不一样的"努力实验"。实验中，我需要保持实验组和对照组之间的绝对努力程度相同，但相对努力程度不同。换句话说，尽管实验组和对照组付出的绝对努力程度完全一样，但实验组感知到的相对努力程度更高。因此，我需要操纵两组被试有两个不同的参考点。在日常生活中，有很多这样的现象。例如，都是一天的时间，与一年相比，你会觉得一天太快了；但是与一小时相比，你又会觉得一天真的太长了。

最后，我决定把被试随机分成两组，做英文造句练习。其中一组被告知，所有人都要做4到18个造句练习，而他们被随机分配要做16个。这组被试会认为自己做得比大多数人多，因为最多只做18个，而他们却被要求做16个。而另一组被告知，所有人都要做14到28个造句练习，而他们被随机分配要做 16 个。这组被试会觉得自己做得比大多数人少，因为最少也要做 14 个，而他们只被要求做 16 个。聪明的你应该已经看出来了，实际上两组都做了 16 个造句练习，付出的绝对努力相同，但是相对努力的感知不同。

在被试做完 16 个造句练习后，他们被提供了免费电影租赁作为奖励，有两个选择：选择一是爆米花电影（例如《007》和《黑客帝国》），选择二是严肃电影（例如《辛德勒名单》和《美丽心灵》）。聪明的你现在应该也看出来了，这其实是对自控力的测量：爆米花电影看起来更快乐，但是没有什么益处；严肃电影看起来没有那么快乐，但却给人以启迪。

在对实验结果进行分析之后，我发现，尽管两组被试的绝对努力程度是完全一样的，但是对于那组自认为比别人更努力的被试来说，他们更多地选择了爆米花电影。这说明，由于他们认为自己付出了更高的努力，所以放松了自我控制。由于所有被试付出的努力都是一样的，因此罗伊·鲍迈斯特学派的"自我损耗"理论无法解释我这个实验的结果。我也成功跨越了横亘在我面前的这座大山。

我提出的这个理论假设终于被验证了。事实上，这个理论和小时候父亲给我的教诲是一致的：先做完作业，再去玩，这是一种奖励。在英文中，有这样一句俗语——Work Hard, Play Hard，意思就是"努力工作，尽情享受"。因此，我把这种自控力策略简称为 WHPH 策略（先努力工作，再尽情享受）。

WHPH 策略：先努力工作，
再尽情享受

WHPH 策略是一种非常奏效的自我控制策略。例如，很多孩子会因为玩手机等电子产品上瘾而影响学习。这时候，如果家长直接剥夺孩子使用手机的权利，很容易与孩子产生矛盾，特别是青春期的孩子，有很强的逆反心理。对此，很多家长既痛苦又无能为力。

这时，家长不妨建议孩子采用 WHPH 策略——先努力学习，再尽情玩手机。在 2023 年暑假的"读书改变命运——与清北名师 & 学霸面对面"夏令营中，我邀请了一位刚被清华大学本科录取的北京学生来分享她是如何成为学霸的。在我问她如何拒绝手机的诱惑时，她分享了她的父母和她之间的做法。

关于使用手机，她上中学时与父母进行了一次友好的讨论，最终接受父母的建议——周一到周五手机上交给父母，以专注于学习；周六，她可以尽情地玩半天手机，上网、刷影视剧、打游戏等。用她自己的话说，这样的 WHPH 策略让她在学习时非常专注和高效，玩手机时也非常尽兴。相反，很多孩子平时学习时由于有手机的干扰而无法专注于学习，偷玩手机时还会有负罪感；而到了周末玩手机时，也没那么尽兴，因为平时也玩。因此，我强烈建议家长采用WHPH策略帮助孩子提高自控力。

WHPH策略的应用非常广。以我自己为例，小时候，父亲就要求我一定要先做完作业，然后再去好好玩。直到今天，我也在工作和生活中一直在用WHPH策略：如果没有努力工作，我就不去度假，毕竟度假要花不少钱，这会让我有负罪感。正因为如此，我一直都非常努力工作。事实上，写作这本书时，我几乎每天都是早上6点就开始写，晚饭后也一直写到半夜12点左右才睡觉。我也决定，完稿后奖励自己和全家去海南三亚度假。全家从北京飞去三亚度假费用不菲，来回机票加上酒店需要好几万元。如果我没有努力工作就花这么多钱去三亚度假，我真的会有负罪感。因此，我把去三亚度假作为了自己努力写书的奖励。

优秀实验

我在哥伦比亚大学做自控力博士论文时，还有另一个理论假设——除了努力，优秀也会让人放松自我控制。为了检验这个理论假设，我做了一个"优秀实验"。与上面第二个"努力实验"类似，在这个"优秀实验"中，我需要保持不同组别的被试之间的绝对优秀程度相同而相对感知优秀程度不同。换句话说，尽管两组被试的表现相同，但他们感知到的优秀程度不同。

为了做到这一点，我决定让所有被试参加同一个任务，但我会给两组被试不同的反馈。在实验中，被试被随机分成两组，所有被试做同样的键盘反应任务。具体来说，就是根据电脑屏幕上快速闪现的一系列字母，按照指定的规则，被试要在键盘上按代表上、下、左、右箭头或空格的相应按键。例如，出现字母 Z 时，被试需要按向上的箭头键。如果按对键了，被试就可以得分；如果按错键了，被试就会被扣分。电脑会自动在后台计算出被试最后的总分。键盘反应任务结束后，其中一组被告知他们的真实分数（对照组），另外一组被告知加上100 分之后的分数，并被告知他们的表现超过了 95% 的人（优秀组）。换句话说，尽管优秀组和对照组的被试的真实表现差不多，但优秀组获得了虚假的"优秀"反馈，他们会误以为自己更优秀。

在所有被试完成键盘反应任务后，所有参与者被告知，为了感谢他们的参与，他们将获得一个奖品，他们可以选择以下两个奖品之一作为奖励：价值 5 美元的金霸王 AA 干电池，或者价值 5 美元的费列罗巧克力。

看到这里，聪明的你是不是又猜到了？——最后的奖品选择实际上是对被试自控力的测量。这里，自我控制体现为被试在一个实用品（干电池）和一个享乐品（巧克力）之间的选择。其实我们每个人在生活中都会经常面临类似的自我控制两难选择。例如，有限的 1 万元，应该拿去度假，还是买更实用的东西？又如，如果只买一件衣服，究竟是买好看但一年穿不了几次的晚礼服，还是买更实用的日常穿的衣服？

实验结果表明，尽管两组被试的键盘反应任务表现几乎一样，但"优秀组"（被提供虚假的"优秀"反馈）里的被试有更多人选择了巧克力（享乐品）作为奖品。这说明，由于他们认为自己更优秀，所以放松了自我控制。

"优秀实验"告诉我们，取得优秀成绩后会让人放松自我控制。生活中，这种现象比比皆是。例如，当一个企业家多年打拼后，公司终于成功上市，在证券交易所敲钟的当晚，一定会带领团队去庆祝，而不再像平时那样和团队一起加班。又如，当一个教授的论文被顶级期刊采用或著作成了畅销书，他大概率会第一时间和家人朋友去庆祝，而不是像平时那样在电脑前敲着键盘勤奋工作。

奖励策略：用享乐奖励优秀

"优秀实验"也提供了一种非常好的自控力策略，就是用享乐来奖励人们获得优秀成绩。例如，家长可以对孩子说，如果你考上重点高中，我就奖励你一辆漂亮的自行车。又如，如果员工能够成为销售冠军，企业老板可以用国外度假或宝马豪华汽车来奖励员工。这样的奖励能激励孩子或员工去努力，而且非常有效。

有一年，我带企业家学生去斯坦福大学访问。那是为期一周的海外游学课程，由于师资是世界一流的（包括两位诺贝尔奖得主），所以费用较高。有的企业家带了配偶一起学习。其中有一个企业家带了好几个员工来一起参加，而且是公司统一付费。这不由令我对这位企业家刮目相看。

当时，我问这位企业家："其他老板都不舍得带员工来参加这么高端的海外游学，为什么你却这么大方？"没想到这位企业家哈哈大笑："这都是他们努力工作换来的奖励。我在公司设了一个奖励制度，凡是年度销售业绩优秀的人，我就奖励他们来斯坦福参加游学。结果，没想到今年有好几位员工的销售业绩非常突出，所以我就兑现承诺，奖励他们一起来斯坦福游学了。说真的，我发现奖励海外游学比以前奖励现金好，激励了我的团队，最后其实让我赚得更多！"

梅西的努力：从侏儒症患者到世界足坛球王

2022 年 11 月，世界杯足球赛在卡塔尔举行。当时还处在新冠疫情期间，平时不看足球赛的我，也看起了世界杯。这一届世界杯，基本上没人看好阿根廷队，因为队里的著名球星利昂内尔·梅西（Lionel Messi）已经 35 岁了。而且，在小组赛第一轮，阿根廷队就以 1∶2 输给了沙特队，能否顺利出线都成问题。

相比之下，这一届世界杯的上届冠军法国队则被大多数人看好，因为法国队的当家球星基利安·姆巴佩（Kylian Mbappé）才 23 岁，是全球身价第一的球员（1.5 亿欧元）。小组赛中，法国队以两连胜的成绩提前锁定出线名额，成为本届世界杯第一个小组出线的球队。

然而，充满戏剧性的是，在之后的所有比赛中，梅西竟然带领阿根廷队一路过关斩将，一直到决赛中与上届冠军法国队相遇，并最终击败了姆巴佩带领的法国队，成功夺冠，捧起了大力神杯。梅西也当之无愧地获得了本届世界杯的金球奖。

让我们来看看梅西的成就。在 2022 年之前的 10 年时间里，梅西的成就可谓是不可思议。2012 年末，梅西以年度 91 粒正式比赛进球刷新了足坛单一自然年进球纪录，成为足坛历史上年度进球数最多的球员。这一年，梅西第4次连续荣膺金球奖。2014年，梅西帮助阿根廷国家队夺得世界杯亚军，个人荣膺世界杯金球奖。2021年，梅西第七次荣膺金球奖。2022年，梅西帮助阿根廷国家队夺得世界杯冠军，个人第八次荣膺金球奖，成为当之无愧的世界球王。

尽管梅西在2022年带领阿根廷国家队夺得世界杯冠军，个人也第八次荣膺金球奖，但由于他的年龄偏大（2023年，梅西已经36岁），身价已经从巅峰时期的1.8亿欧元跌到了3 500万欧元，并在2023年6月离开他踢了20多年球的欧洲足坛，加盟了美国职业足球大联盟的迈阿密国际队。

一些朋友并不了解美国的职业足球大联赛，因为足球在美国并不是非常流行的运动［美国四大体育联盟分别是美国国家橄榄球联盟（NFL），美国职业棒球大联盟（MLB），美国职业篮球联赛（NBA）和美国国家冰球联盟（NHL）］，更没听说过迈阿密国际队。确实，这家足球俱乐部2018年才刚刚成立。在梅西到来之前，其球队实力和经验不仅非常有限，还在美国职业足球大联盟中排名倒数第一。

然而，即使是带领这样一只鱼腩球队，梅西仍然没有放弃努力。一开始，梅西的加盟并没有给球队立刻带来显著改变，这也引发了一些质疑，有人怀疑36岁的梅西是否廉颇老矣。然而，梅西并没有因此而气馁，相反，他展现出了惊人的坚韧和毅力。他不仅在比赛中努力拼搏，还在训练场上无私地向队友传授经验和技巧。他成了球队的灵魂和核心，已经不仅仅是一名球员，还成了队友的导师，促进了团队之间的默契和配合。2023年8月20日，在北美联盟杯决赛中，梅西带领迈阿密国际队以11∶10的总比分战胜纳什维尔队，获得队史首冠。能够将排名倒数第一的球队带上冠军领奖台，这无疑是一个不可思议的传奇和奇迹！

面对这样的世界足坛巨星，很多人都觉得梅西是天赋异禀。然而，了解梅西的人都知道，梅西曾经是一名侏儒症患者。1987年，梅西出生于阿根廷的一个工人阶级家庭，家里并不富裕。幸运的是，他的父亲是一个业余足球俱乐部的教练，所以梅西从小就开始练习踢球。然而，不幸的是，梅西10岁时身高却只有1.25米，比同龄人的平均身高矮了10厘米。

于是，父亲带着梅西去找医生，结果被诊断出生长激素缺乏症（俗称侏儒症）。医生说："他患有先天性生长激素缺乏性侏儒症，身体已经停止生长，需要注射生物合成的生长激素进行补充。"

从此，梅西开始接受药物注射治疗，每天都要注射。给自己打针很难，每天都给自己打针更难，但小小的梅西却一直坚持每天给自己打针。梅西说："对我来说，打针就跟刷牙一样。最初人们看到我这样做总是很好奇，后来大家也就习惯了。我不觉得这有什么难的，因为这对我的未来很重要。而且这与足球有关，我要负起责任来。"

　　追求足球荣誉就是梅西的目标，也是这项运动带给他的奖励。为了获得这个奖励，梅西必须提高自控力。就这样，他一边训练，一边接受治疗。2003 年，他的身高终于达到 170 厘米。虽然在足球运动员中，这样的身高仍然偏矮，但梅西凭着顽强的意志、不懈的努力以及不可思议的自控力，改变了自己的不幸命运，站在了世界足坛之巅，获得了他应得的奖励，也创造了世界足坛的传奇！

　　从家境贫寒的侏儒症患者蜕变成世界球王，梅西面对困难时，始终保持着惊人的自控力去完成自己的目标。如果由于怕疼而无法坚持每天给自己打针，梅西就会成为真正的侏儒，也就无法成为今天的世界球王。

　　其实，我们每个人的人生也都是这样的。如果无法进行自我控制，在困难面前屈服，我们就会成为没有机会翻身的"侏儒"。而只要我们咬着牙忍着泪一步步坚持下去，终有一天，我们会迎来生命的阳光，成为自己生命中的"球王"。

本章小结

自控力和享乐是矛盾吗？

※ 努力实验：努力之后，希望放松自控是心理需求。

※ 自控力的 WHPH 策略——努力工作，尽情享受（Work Hard，Play Hard）。

※ 优秀实验：取得优秀成绩会让人放松自我控制。

※ 奖励策略：用享乐奖励优秀。

※ 侏儒症患者的足球梦——梅西如何成为世界球王？

第七章

金钱意识，
避免冲动

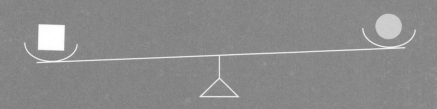

金钱实验

有趣的是，花钱有时候也会提高自控力。我在哥伦比亚大学做自控力博士论文时，产生过另外一个有趣的理论假设：花钱会让人们提高自控力，不花钱反而会降低自控力。很多时候人们进行自我控制是因为他们不喜欢花钱的痛苦。例如，很多人都想享受和放纵，但是如果要花钱，他们很可能就会放弃这种想法，因为钱对任何人来说都是有限的资源。因此，从这个意义上来说，"花钱"会促进我们每个人进行自我控制，而"不花钱"则会促进我们每个人放松自我控制。

为了验证这个理论假设，我做了一个"金钱实验"。与"努力实验"和"优秀实验"的样本是哥伦比亚大学的本科生不同，"金钱实验"的对象不是学生被试，而是职场人士。这是为了更好地提高实验的外部效度，同时也是为了节约科研经费。在学校里做实验，每个被试都需要支付 10 美元报酬，招募 300 个被试就需要 3 000 美元。相比之下，去公共场所发问卷做实验可以不花钱。"金钱实验"的被试是 229 个职场人，都是我在纽约火车站候车大厅免费获得的。那里有大量候车的乘客，他们候车时没什么事做，就会比较愿意配合填写问卷。但他们不知道的是，我的问卷会随机发放不同的版本——因为我在做实验，而不是简单的问卷调查。

在"金钱实验"中，我选择了 2 个价值差不多的商品：一张 60 分钟的 SPA 券（享乐品）和一张可以消费 4 次的理发券（实用品）。之所以选择这两个商品，是因为它们的市场价值大约都是 80 美元。我把被试随机分成 4 组，分别如下：

第一组：被试看到的商品是一张可以消费 4 次的理发券（可以在被试住所附近的理发店使用），并被询问最高愿意支付多少钱来获得这张理发券。

第二组：被试看到的商品是一张 60 分钟的 SPA 券（可以在被试住所附近的 SPA 店使用），并被询问最高愿意支付多少钱来获得这张 SPA 券。

第三组：被试看到的商品是一张可以消费 4 次的理发券（可以在被试住所附近的理发店使用），并被告诉他们可以通过填写在线问卷这样的努力来免费获得这张理发券。填写每份在线问卷需要花费大约 20 分钟时间。最后，他们被询问最多愿意参与多少次在线问卷填写以免费获得这张理发券。

第四组：被试看到的商品是一张 60 分钟的 SPA 券（可以

在被试住所附近的 SPA 店使用），并被告诉他们可以通过填写在线问卷这样的努力来免费获得这张 SPA 券。填写每份在线问卷需要花费大约 20 分钟时间。最后，他们被询问最多愿意参与多少次在线问卷填写以免费获得这张 SPA 券。

你猜一下，实验结果在这 4 组被试中会有什么不同？

结果是这样的：第一组被试平均愿意支付 60 美元来获得一张理发券（可以消费 4 次）；第二组被试平均愿意支付 46 美元来获得一张 SPA 券（60 分钟 SPA）。这两组的差异在统计上是显著的。由此可见，人们愿意支付更多的钱来获得理发券，而不是 SPA 券。

第三组被试平均愿意填写 2.9 份在线问卷以获得一张理发券（可以消费 4 次）；第四组被试平均愿意填写 3.6 份在线问卷以获得一张 SPA 券（60 分钟 SPA）。这两组的差异在统计上也是显著的。由此可见，人们愿意填写更多的问卷来获得 SPA 券，而不是理发券。

为什么会出现这么有意思的反差？背后的原因就是人们的自控力。因为理发是生活必需的实用品，人们不需要进行自我控制，本来就会花钱去做这件事，所以没有太大的动力去付出努力来获得理发券；而 SPA 是生活中非必需的享乐品，人们就会进行自我控制——很多人舍不得花钱去做 SPA。如果有机会不花钱而是付出努力就能获得 SPA，他们就会愿意付出努力去获得。

同样非常有意思的是，如果人们需要花钱购买理发券或者 SPA 券，对理发券的支付意愿比对 SPA 券的支付意愿更高（60 美元 VS 46 美元）。这说明在消费中，大多数人都还是比较理性的，也都有不错的自控力。毕竟，花钱在一个非必需的享乐品上，很多人会有负罪感。

"金钱实验"的结果也表明，人们很想要但舍不得花钱买的奢侈品或享乐品更适合做奖品，而人们本来就会花钱购买的必需品或实用品拿来做奖品则效果不佳，比如大米、粮油等。

这个发现，与著名的"心理账户（Mental Accounting）"理论是一致的。心理账户的概念与理论在 1980 年被首次提出，提出人是行为经济学和消费者决策心理学领域最有影响力的学者之一、芝加哥大学的理查德·塞勒教授。正是由于他在心理账户理论等消费者心理学和行为经济学上的重大贡献，2017 年，他荣获诺贝尔经济学奖。

在对心理账户和送礼行为的研究中，理查德·塞勒教授发现，最好的礼物就是收礼人自己非常喜欢但又舍不得买的东西。例如，爱马仕围巾和皮包、保时捷跑车等奢侈品，或者海外度假、进口巧克力等享乐品，都是非常好的礼物。这是因为尽管人们通常非常喜欢奢侈品或享乐品，但他们自己往往舍不得买（奢侈品或享乐品都不是工作或生活必需品，因此在人们心理账户里的预算较紧），如果收到这样的礼物，人们就会非常开心。

享乐品更适合做奖品

举个我自己的例子。2011 年，清华大学派我去印度尼西亚首都雅加达，为当地华人企业家讲一天课。由于从北京飞雅加达大约要 10 个小时，来回就要 20 个小时，我就不是特别乐意去。毕竟，只是讲一天课，却总共要花费我 3 天的时间。这时，当地的联合主办方想了个办法，邀请我讲课后顺便去巴厘岛度假玩几天。巴厘岛作为度假胜地举世闻名，但我还没去过，因此，听到这儿，我毫不犹豫地答应了。

事实上，如果计算一下，就会发现主办方邀请我顺便去巴厘岛度假几天并不需要花费太多，两晚的巴厘岛五星级酒店住宿，加上雅加达往返巴厘岛的机票，一共只需要几千元人民币，但对吸引我去雅加达讲课却起了非常关键的作用。相反，如果不是用免费的巴厘岛度假来吸引我，而是直接把这几千元人民币加到给我的讲课酬金里，就对我没有任何吸引力。毕竟，我的银行账户里并不缺这几千元。我真正缺的，确实是度假。直到今天，我仍然会回忆起那次巴厘岛度假的快乐时光。

让我们再结合"金钱实验"的结果一起思考。你完全可以把巴厘岛度假当作"金钱实验"里的 SPA，而把我去印度尼西亚讲课当成"金钱实验"里的填写在线问卷。现在你看出来了吗？为什么一听到有免费的巴厘岛度假我就愿意飞20个小时？为什么我自己不愿意花几万元去巴厘岛度假呢？以我的收入，去趟巴厘岛度假并非难事。其实，我去印度尼西亚讲课并免费度假这件事和"金钱实验"的结果非常一致，那就是人们（包括我在内）都喜欢用努力去获取享乐品，而不喜欢花钱去获取享乐品。毕竟，在非必需的享乐品上花钱是有负罪感的。

由此看来，把免费的海外度假作为礼物或者奖励真的非常有效。因此，很多公司为了激励员工，也会用海外度假作为奖励。而如果换成与海外度假等值的现金，对一些人来说激励效果就明显不如免费海外度假。很多企业在年终大会上会给销售冠军奖励一辆宝马汽车，也是同样的道理。为什么不直接发钱？原因是发了钱之后，大多数人就舍不得拿去买宝马汽车了，而是更可能存起来买房子或者给孩子当学费。而奖励宝马汽车之后，获奖的员工每次开车时都会记得公司的奖励，从而更加努力地工作，这对其他员工也是很好的鼓励（只要努力实现优秀业绩，你也可以获得奖励），从而鼓舞了全公司的士气。

花钱提高自控力

由于人们的金钱都是有限的，因此浪费金钱是可耻的。从自控力角度来说，这反而有助于人们进行自我控制。因此，"钱"看来有非常正面的效果——可以帮助人们提高自控力，而一旦不需要花钱时，人们就会放松自我控制。

这样的例子在日常生活中有很多，不论是锻炼身体还是学习，不花钱的话会降低自控力，而花钱反而会提高自控力。举一个我自己的例子。我刚回清华工作的时候，一位金融系的同事送了我一张健身卡，是他在清华门口的健身俱乐部办年卡时获赠的 30 次健身卡（价值 3 000 元，按照当时的门市价每次 100 元计算）。虽然我知道自己应该加强锻炼，却除了第一次被同事邀请一起去之外，便再也没去过。事实上，在主观意识里，我还是想去锻炼的，可总是因为工作繁忙或者临时偷懒而没去。一年后，这张价值 3 000 元的免费健身卡就在我手里作废了。

为什么会这样呢？原因就在于那是一张免费健身卡，所以不用我也不会心疼。如果健身卡是我自己花 3 000 元买的，结果就会很不一样。至少，在头几个月里，我会去得比较频繁，要不然如何对得起我自己掏的 3 000 元？由此可见，花钱对提高自控力是有好处的。在健身卡的例子中，花钱买卡至少可以让人们更加频繁地去健身俱乐部锻炼，从而让他们的身体更健康。

健身如此，学习又何尝不是！在今天的互联网时代，各种免费直播、免费讲座众多，大多数你都不会看完。为什么？因为免费的直播、课程或者讲座，你就不会太珍惜。例如，在提前好几天报名参加周末某个你感兴趣的免费线下课程后，到了上课当天，你所在的城市下雪了，于是你临时决定待在家里休息而不愿冒雪去上课。相反，如果是花钱购买的线下课程，而且不能退费，那么你冒雪去上课的概率就会大大提高。

为什么？原因很简单，每个人要想积极锻炼或学习，就需要进行自我控制并付出努力，这不是一件容易的事情。而花钱可以加强人们的自控力，因为我们每个人都舍不得浪费钱。从这个意义上说，我们应该感谢"钱"，正是因为它，让我们更加积极地锻炼和学习，从而让自己更健康、更优秀！

金钱意识实验

除了在哥伦比亚大学做博士论文研究自控力，回到清华任教后，我也继续研究自控力，并指导多位博士生一起完成了两个关于自控力的国家自然科学基金项目。2013年，我和博士生童璐琼（现任教于北京师范大学）以及我的同事、清华大学经济管理学院市场营销系赵平教授，一起在全球重要的营销学术期刊之一《营销通讯》（*Marketing Letters*）上发表了一篇关于金钱和自控力关系的论文。在这篇论文中，我们研究的是金钱意识和自控力的关系。

在前面的"金钱实验"里，被试需要回答他们愿意花多少钱以获得某种商品，我们发现花钱会提高人们的自控力，而不花钱则会降低人们的自控力。如果人们并不需要花钱，而只是产生关于"金钱"的概念或者意识，也会提高自控力吗？

由于大多数人的金钱都是非常有限的资源，因此，我们提出的理论假设是："金钱"概念或者意识将会导致人们更加谨慎地行事，从而提高自控力。面对这个有意思的理论假设，我们当时做研究时非常兴奋。一方面，"金钱"概念或者意识仅仅是一种潜意识，如果通过暗喻"金钱"概念或者意识也能提高人们的自控力，那将非常不可思议。另一方面，金钱在中国以及世界各国文化中多有贬义色彩。例如，中国谚语"有钱能使鬼推磨""人为财死，鸟为食亡"等，对金钱的态度都是负面的。又如，《圣经》中甚至有这样一句话："金钱乃万恶之源（Money is the root of all evil）。"因此，如果能够发现金钱意识可以提高人们的自控力，这样的研究结果不但能为"金钱"正名，而且对改变人们的金钱观念有非常大的意义。

为了验证这个理论假设，我们当时做了多个"金钱意识实验"。

第一个"金钱意识实验"的被试是 70 名清华大学 MBA 学生。实验里，我们把被试随机分成 2 个小组，即金钱意识组和对照组。所有被试都被要求做 18 道英文造句题。每道造句题，他们都要在 4 个英文单词中选用 3 个进行造句。

"金钱意识实验"的核心是对自变量"金钱意识"的操纵：在金钱意识组，被试需要完成的 18 道造句题中，有 9 道造句题含有和金钱相关的一个词语。例如，被试看到 4 个英文单词 it、money、is、fine，他们被要求选择其中 3 个英文单词，以组成正确的英文句子。在上面这个例子中，答案可以是 it is fine，或者 money is fine。这个造句任务并不难，关键是被试看到 4 个英文单词中有 money（金钱）这个单词，就在无形中给了被试一个金钱意识。相比之下，在对照组，被试完成的 18 道造句题中，没有任何和金钱相关的单词。

当被试完成全部英文造句任务后，他们被询问会选择如下两个奖品中的哪一个：一个是两节 AA 干电池（5 号），另一个是一块巧克力蛋糕。聪明的你现在也应该看出来了，这其实是对自控力的测量：干电池是实用品，而巧克力蛋糕则是享乐品。

在对实验结果进行分析后，我们发现：在金钱意识组，有 70% 的被试选择了实用的干电池；而在对照组，只有 39% 的被试选择了干电池。这个差异在统计上是显著的——这说明，金钱意识真的提高了自我控制。

我们后来又进行了多个类似的"金钱意识实验"，通过不同的金钱意识操纵和不同的因变量测量，以进一步验证我们的理论假设。例如，在其中一个实验中，我们使用货币图片来进行金钱意识操纵。当时，被试看到了英镑、日元、韩元等几种不同货币的图片，并被要求写出每一种货币属于哪一个国家。

为了确保实验结果的可比性，这个实验有两个对照组：文字组和无任务组。在文字组，被试看到了英语、日语、韩语等几种不同文字的图片，并被要求写出每一种文字属于哪一个国家。在无任务组，被试不需要进行货币识别任务或者文字识别任务。

这个实验的被试是85名清华大学本科生。他们被随机分到货币组、文字组和无任务组，并进行了各自的任务（货币识别、文字识别或无任务），然后所有被试都被询问在两个奖品之间选择哪一个：一个奖品是一本英文单词书，另一个奖品则是一本科幻小说。聪明的你现在应该也看出来了，这也是对自控力的测量：英文单词书是实用品，而科幻小说则是享乐品。

在对实验结果进行分析后，我们发现：在货币组，有57%的被试选择了英文单词书；在文字组，只有30%的被试选择了英文单词书；在无任务组，只有29.6%的被试选择了英文单词书。这些差异在统计上是显著的——实验结果再一次说明，金钱意识真的提高了自我控制。换句话说，当人们脑海里有"金钱"意识后，人们的自控力会得到提高。

在日常生活中，有许多金钱意识提高自控力的例子。例如，对大多数北京人，说到冬天去三亚度假，很多人都会非常兴奋，恨不得立刻去度假。冬天的时候，北京真的是冰天雪地，气温低至零下10～零下20摄氏度，寒风吹到脸上犹如冰刀一般；而三亚的气温则高达25～30摄氏度，去了那里仍然可以穿短裤和T恤，可以在海水里自由自在地游泳。然而，只要想到去三亚度假要花费的钱，大多数人就会立刻变得理性起来。毕竟，要想全家几口人一起去三亚度假几天，来回机票加上酒店住宿至少需要花费几万元。由于大多数家庭的金钱资源都是有限的，需要花钱的地方实在太多（房子的贷款、孩子的教育、老人的医疗等），因此大多数人就会进行自我控制，决定不去三亚度假以把辛苦挣来的钱储蓄下来，或者改为花点小钱在北京郊区泡个温泉来替代。

资源分割策略：不要把所有钱 都放在一个袋子里

购物上瘾和过度消费是常见的自我控制失败现象，会导致人们陷入财务危机。很多自控力低的消费者会通过借信用卡或者花呗等的钱来进行消费，尽管未来并没有高的预期收入来偿还。其实，要避免过度消费，最简单的方法就是远离各种消费场所。接下来，我和大家分享另外一种办法——不要把所有钱都放在一个袋子里。

美国圣路易斯华盛顿大学的艾玛尔·奇马（Amar Cheema）教授和加拿大多伦多大学的迪利普·索曼（Dilip Soman）教授是知名的行为经济学家和市场营销学者。2008年，他们在全球顶尖的营销学术期刊《营销研究学报》（*Journal of Marketing Research*）上发表了一篇论文，提出了"资源分割"的自控力策略。

什么是"资源分割"策略呢？我们不妨先来看看这两位教授做的一个有趣的"巧克力实验"。实验中，他们邀请了73名本科女生，让她们品尝不同种类的巧克力。他们把所有被试随机分到2个不同的组：实验组和对照组。每位被试都收到了一个密封的盒子，里面有6块歌帝梵巧克力，包括白巧克力、牛奶巧克力和黑巧克力。有趣的是，这些巧克力的包装方式不同，实验组收到的巧克力每块都独立包装，对照组收到的巧克力是非独立包装。所有被试都被要求在接下来的一周内品尝这些巧克力，并回答一些问题，包括她们吃每块巧克力所花的时间。

实验结果非常有意思。两位教授发现：实验组的被试，也就是那些拥有独立包装巧克力的人，吃巧克力的速度明显更慢

（每颗巧克力的平均间隔时间为 2.5 天）；而对照组的被试，也就是那些拥有非独立包装巧克力的人，吃巧克力的速度明显更快（每颗巧克力的平均间隔时间为 1.7 天）。这个差异在统计上是显著的。这说明，拥有独立包装巧克力的人（实验组）有更强的自控力。

在这里，巧克力独立包装就是一种资源分割。这个实验说明，人们对分割后的资源更能实现自我控制。如果你还不太相信这个结论，我们可以看看两位教授做的另一个非常有趣的"赌博实验"。

在这个"赌博实验"中，被试是亚洲一所大学的 55 位大学生，他们被随机分配到 3 个不同的组：2 个实验组和 1 个对照组。每个被试都获得了 100 张可以用以参加"赌博实验"的赌券。对照组收到的赌券装在同一个信封里，里面有 100 张赌券。而 2 个实验组的赌券则装在更多的信封里。其中，实验 1 组收到了 4 个信封，每个信封里有 25 张赌券；实验 2 组收到了 10 个信封，每个信封里有 10 张赌券。聪明的你是不是看出来了，这其实就是自变量"资源分割"的操纵。

"赌博"是这样的：被试每一次赌博需要耗费 1 张赌券，一次扔两个骰子。如果两个骰子的点数之和大于或等于 9，就可以赢得 5 张赌券；如果两个骰子的点数之和小于 9，则被试没有赢得任何赌券。当被试消耗完全部赌券后，"赌博实验"就结束了。或者，被试也可以主动选择在任何时间停止"赌博实验"。聪明的你是不是看出来了，这其实就是因变量自控力的测量。对于那些用掉更多赌券的被试，他们的自控力显然较低；而对于那些用掉更少赌券的被试，他们的自控力显然较高。

实验结果非常有意思。2个实验组，也就是那些拥有多个信封的人，消耗的赌券明显更少（有4个信封的实验1组，赌券平均消耗值为25.5张；有10个信封的实验2组，赌券平均值消耗值为16.4张）；而对照组，也就是那些只拥有一个信封的人，消耗的赌券明显更多（赌券平均消耗值为42.6张）。2个实验组与对照组的差异在统计上都是显著的。这说明，拥有多个信封的人（实验组）有更强的自控力。

"巧克力实验"与"赌博实验"揭示了资源分割是如何提高自控力的。资源分割就像一位聪明的管家，提醒我们要精心管理自己的宝贵资源，以免在我们手中神秘消失。资源分割就像巧克力包装纸或者信封，为我们设置了障碍，使我们的自控力不至于在美味或者赌博面前崩溃。它是一种力量，让我们谨慎地管理自己的欲望。它也是一种智慧，让我们做出更加明智的选择。

尽管这些实验仅以食物和赌博为主题，但却给我们的生活提供了广泛的启示。它们向我们展示了资源分割的力量，这个力量能在我们的日常决策中发挥关键作用。例如，我们可以将资源分割策略应用于个人财务管理。当我们面对日常消费时，资源分割可以成为一种有力的工具，帮助我们更好地管理开支。我们可以将收入分成各个子账户，专门用于不同的用途，例如储蓄、投资、日常生活账单、学习和度假，这样可以防止我们轻易花光所有的钱。这和我们之前讨论过的心理账户理论是一致的。

资源分割不仅有助于财务规划，还有助于保持理性消费。最重要的是，资源分割是一种提高自控力的有效方法。在充满诱惑和挑战的环境中，资源分割就像一位智慧的导师，提醒我们要谨慎，保持自我控制，使我们能够更好地做出日常生活中的各种决策。

所以，让我们珍惜这一秘密武器，即资源分割的智慧。它不仅可以帮助我们更好地管理资源，还可以提高我们的自控力，让我们在充满诱惑的世界中保持理智和坚定，努力平衡自己的享受与自我控制，以实现更健康和可持续的消费行为。

雷殿生：徒步 10 年走遍中国的
奇迹创造者

说起雷殿生，很多人可能并不了解，但当你知道他的成就后，一定会感到不可思议！在 1998—2008 年间，雷殿生用 10

年时间徒步走遍全中国，穿越高原峡谷、原始森林、沙漠戈壁等各种地貌，总行程 81 000 公里（相当于绕赤道两周），是世界上连续徒步距离最远的人，创造并保持了两项世界纪录。其中，雷殿生还曾耗时 31 天成功穿越"死亡之海"罗布泊无人区，成为历史上只身徒步穿越罗布泊无人区的第一人。

2023 年 12 月 12 日，雷殿生的著作《信念：人生每一步都算数》推出珍藏版，我非常荣幸地见到雷殿生并和他做了一次对话直播，也真正了解到雷殿生不可思议的人生故事。

1963 年冬天，雷殿生出生于哈尔滨市呼兰县呼兰河畔的一个小山村。他是家里最小的孩子，上面有三个哥哥和一个姐姐。一家人虽然生活贫困，但也其乐融融。不过，好景不长，雷殿生 3 岁时赶上"文革"，由于家庭成分是地主，他的父亲经常被抓去批斗，雷殿生也因此被人叫作"地主崽子"，从小被孤立和歧视。

9 岁时，雷殿生终于有机会上学了。由于家庭成分不好，他总觉得比同学矮一头，所以只好努力学习。然而，即使是这样，雷殿生的学习机会也很快失去了。由于母亲在常年巨大的精神压力下身患重病，雷殿生在小学只读了 3 年半，四年级时就被迫离开校园，辍学回家照顾卧床不起的母亲。雷殿生 13 岁时，母亲在一个寒冬的深夜里离世了，这给这个本就脆弱的家庭以致命一击。雷殿生 15 岁时，父亲也跟着撒手人寰。

父亲去世的那个夜晚，只有雷殿生一个人在他身边。目睹父亲的离开，雷殿生没有惊慌，生活的磨砺让他拥有了与年龄不相称的成熟。雷殿生忍住内心的悲痛，找人借了寿衣和棺材安葬了父亲。在父亲坟前守孝七天之后，他变卖了家里的粮食和柜子，还了借的寿衣和棺材的钱后，他背起了行囊，揣着仅剩下的 27 块 4 毛钱，离开了家乡，16 岁的他从此开始了艰苦的谋生之路。父亲临死前的一句话一直在他耳边回响：儿子啊，你一定要活出个人样……

18 岁时，雷殿生回到家乡决定报名参军。然而，无情的现实又一次击碎了他的梦想。名单公布时，雷殿生发现自己被别人取代了。无奈之下，雷殿生又开始四处打工。他做过瓦工、钢筋工、架子工等辛苦的工作，艰难谋生。

在外闯荡多年后，因工作勤恳、做人诚信，雷殿生开始承包一些小工程。慢慢地，雷殿生富了起来，并在哈尔滨郊区买了一套房子。1987 年，中国邮政发行了一套徐霞客诞生 400 周年的邮票，这让 25 岁的雷殿生开始对徐霞客产生兴趣，并阅读了《徐霞客游记》。正是这本书，让雷殿生那颗不安分的心对徒步探险产生了极大的兴趣。

1989 年，雷殿生在大兴安岭一个林场工作时偶遇当代徒步旅行家余纯顺。两个人短暂交流后，余纯顺就继续前行了。看着余纯顺背包上写的"徒步环行全中国"几个大字，雷殿生深受鼓舞，于是也下定了要徒步走遍全中国的决心。

为了实现梦想，雷殿生开始了为期 10 年的准备，他锻炼身体、筹备资金、学习地理知识和规划路线等。为了在身体上做好准备，雷殿生坚持每天做 2 000 个仰卧起坐、800 个俯卧撑，以及跑步 10 公里。由于徒步旅行需要背行李，雷殿生还进行负重锻炼，每天夜里背着液化气罐或沙袋负重长跑。

1998 年 10 月 20 日，完成了长达 10 年的准备工作后，35 岁的雷殿生开始了他为期 10 年的徒步走遍全中国之旅。出发前，雷殿生做了阑尾手术（以防止徒步时发生阑尾炎），并变卖了房子等所有财产，把钱都存到中国邮政储蓄卡里，并去父母坟前祭拜告别。毕竟，一旦出发，生死难测（激励雷殿生徒步中国的旅行家余纯顺在 1996 年穿越罗布泊时不幸身亡），雷殿生也不知道自己是否还能回到家乡祭奠父母。在临出发前的一天，雷殿生去理发店削发明志："从明天开始，不走遍全中国，我决不再理发！"

雷殿生把徒步中国的出发点设在了黑龙江省哈尔滨市 102 国道零公里处。这里距离长春 234 公里，距离沈阳 573 公里，距离北京 1 303 公里。雷殿生背着 96 斤重的超大行李，里面有途中所需的各种物品：帐篷、睡袋、衣物、药品、刀具、绳索、九节鞭、开山斧、照相机、电池、三脚架、地图、纸笔等。在和前来送行的亲朋好友简单交流后，雷殿生对他们大声说："10 年后再见！"

第一天徒步就不容易。当天下午，雷殿生的脚起泡了，钻心地疼。当天晚上，他来到一个村子，在村主任的家里借宿，他用针挑开脚上的泡，挤出血水。第二天，雷殿生忍着疼痛一瘸一拐地继续上路，他婉言谢绝了要捎他一程的路上遇到的司机，心里对自己说：一定要坚持下去，做一个真正为理想拼搏的男人！

这份坚持，雷殿生真的坚守了10年。2008年11月8日，雷殿生完成了他徒步走遍全中国的梦想。这10年间，雷殿生用双脚丈量了祖国的大地，走了3 673天，总行程81 000公里。他徒步走完55个少数民族聚居地及每个省、自治区、直辖市和港澳台。他穿越边境线、沿海线、高原、峡谷、原始森林、草原、沙漠戈壁、无人区等。这10年间，他走掉了19个脚指甲，穿烂了52双鞋，遭遇了19次抢劫，40多次遇到野兽，遇到过泥石流、雪崩、沙尘暴和龙卷风，数次险些丧命。雷殿生也因此成为全世界徒步里程最长的人。雷殿生还历时31天成功徒步穿越罗布泊无人区，是自唐朝以来首个徒步走出罗布泊的人。

我与他直播对话时，好奇地问道："您10年徒步探险过程中最危险的一刻是什么时候？当时有没有想过放弃？"

雷殿生沉思了好几秒。或许，十年徒步之旅当中，危险的时刻太多了。然后他轻轻地说："有许多这样的时刻。2002年7月11日晚上，我在西藏被群狼围攻，当时真的已经做好了死的准备，连遗书都写好了。"

雷殿生说得云淡风轻，但我和直播间里的每个听众却都听得毛骨悚然。那天晚上，如果不是雷殿生沉着冷静，用鞭炮、火和杀虫剂三管齐下，可能真的无法吓跑围攻他帐篷的 20 多只狼。是坚持，让雷殿生最终战胜了群狼，安全脱险。

同样，是坚持，让雷殿生在 2001 年穿越柴达木盆地时，由于缺水，他勇敢地喝尿求生。当时，他每天都把自己的尿液接到水壶里，再放上净水药片，过滤后喝下去。因为长途跋涉，多日断水，尿液也很黄，气味刺鼻，但如果不那样做，恐怕就要渴死。最终，他成功走到公路上，获得了过路司机的帮助。

与雷殿生直播对话结束后，我的心久久不能平静。我们大多数人都不可能像雷殿生那样用 10 年时间徒步走遍全中国，但是他的精神却值得我们每个人学习。因为，人生也是一条几十年甚至百年的长路。在这条路上，不管遇到任何艰难险阻，我们都要坚持下去。正如雷殿生的传记《信念：人生每一步都算数》的书名所言，我们每个人都需要有一种信念，才能坚持下去，走好人生的每一步。

本章小结

花钱竟然可以提高自控力?

※ 金钱实验:花钱可以提高自控力?

※ 不花钱反而降低了自控力。

※ 金钱意识可以提高自控力。

※ 花钱,要学习资源分割的智慧。

※ 徒步中国的奇迹——雷殿生如何创造十年徒步走遍中国的奇迹?

第八章

全局思维，
心理距离

思维实验

2005 年国际消费者研究协会年会召开，在一个关于自控力的专题研究论坛上，我分享了我的博士论文，当时纽约大学心理学系的一位博士毕业生肯塔罗·富吉塔（Kentaro Fujita）和我同台做了演讲分享。我之所以对他的研究印象深刻，是因为我和他分享的研究都与主流的罗伊·鲍迈斯特学派不同，甚至可以说，我和肯塔罗·富吉塔各自的论文都对罗伊·鲍迈斯特学派提出了挑战。肯塔罗·富吉塔在纽约大学的导师雅科夫·特罗普（Yaacov Trope）也是一位著名心理学家，自控力研究领域的另一位大师。肯塔罗·富吉塔的研究非常有意思，2006 年他的博士论文发表在全球心理学顶级期刊《人格与社会心理学学报》上。这篇论文后来逐渐成为自控力研究领域的经典论文之一。我在清华大学市场营销系给博士生上课时，讲到自控力，就会要求博士生阅读这篇论文。

在这篇论文里，肯塔罗·富吉塔和同事提出了一个重要的理论假设：思维方式会影响人们的自控力——当思维方式是低建构水平时，人们的自控力就会降低；相反，当思维方式是高建构水平时，人们的自控力就会提高。

在这里，所谓建构水平（Construal Level），指的是人们在大脑中对事物认知的思维方式。当人们的思维方式更加抽象或全局时，这种思维方式的建构水平就比较高；相反，当人们的思维方式更加具体或局部时，这种思维方式的建构水平就比较低。此刻你可能会觉得这个概念很难理解，接下来我就通过一系列"思维实验"来说明建构水平是如何被操纵的。

为了验证这个理论假设，肯塔罗·富吉塔和同事做了一系列"思维实验"。

第一个"思维实验"的被试是 30 名纽约大学的学生。"思维实验"的核心是对自变量"建构水平"的操纵，被试被随机分成 2 个小组，即高建构水平组和低建构水平组。

在高建构水平组，被试需要回答一系列"为什么"（Why）的问题。例如，被试需要回答的第一个"为什么"问题是："我为什么需要保持身体健康？"如果被试回答"为了更好地学习"，那么接下来要回答的第二个"为什么"问题是："我为什么需要更好地学习？"在被试回答之后，还需要接着回答两个更深层次的"为什么"问题。

在低建构水平组，被试需要回答一些"怎么做"（How）

的问题。例如，被试需要回答的第一个"怎么做"问题是："我要怎么做才能保持身体健康？"如果被试回答"多锻炼"，那么接下来要回答的第二个"怎么做"问题是："我要怎么做才能多锻炼？"在被试回答之后，还需要接着回答两个更深层次的"怎么做"问题。

这种操纵方法（连续询问4个"为什么"或连续询问4个"怎么做"）已被之前的研究证明可以改变被试的建构水平，因为"为什么"问题更抽象和全局，而"怎么做"问题则更具体和局部。所以，如果你希望培养自己的全局思维，不妨经常问"为什么"。而如果你家里的孩子遇到问题喜欢问"为什么"，那么恭喜你，这样的孩子其实很优秀，千万不要因为自己回答不了而打压孩子。

当被试全部回答完上面的"为什么"或"怎么做"问题后，他们还参加了一个看起来不相关的任务。在这个任务中，每个被试都被询问对4个商品的最高支付意愿：①餐厅就餐券；② DVD播放器；③ 4张电影券；④大学书店折扣券。对于每个商品，被试都要给出两个最高支付意愿：①如果可以立即收到商品，你愿意支付多少钱购买该商品？②如果要延迟一段时间才能收到商品，你愿意支付多少钱购买该商品？

聪明的你是不是看出来了？是的，被试参加的第二个任务其实是对他们自控力的测量。还记得"棉花糖实验"吗？自控力的经典表现形式之一就是延迟满足，因此可以通过测量延迟满足来测量自控力。延迟满足不但可以用选择来测量（立即获得一颗棉花糖 VS 20 分钟之后获得两颗棉花糖），也可以用不同时间的不同支付意愿来测量（立即获得商品愿意支付的价格 VS 延迟获得商品愿意支付的价格）。

为了更简单地进行实验结果分析，肯塔罗·富吉塔和同事计算了被试立即获得商品愿意支付的价格与延迟获得商品愿意支付的价格之差。这个价格差可以反映被试的自控力。价格差越大，说明被试的延迟满足能力越低，自控力越低；价格差越小，说明被试的延迟满足能力越高，自控力越高。对于一般的商品，你平时购物时是愿意等几天收到商品，还是宁愿支付更高的价格用更快的快递或去线下购买以立即收到商品？这实际上反映了你的延迟满足能力和自控力。

在对实验结果进行分析后，肯塔罗·富吉塔和同事发现：所有被试对立即获得的商品都比延迟获得的商品有更高的支付意愿。更有意思的结果是——在低建构水平组，被试立即获得商品愿意支付的价格与延迟获得商品愿意支付的价格之差更高，也就是说他们更不愿意延迟满足；而在高建构水平组，被试立即获得商品愿意支付的价格与延迟获得商品愿意支付的价格之差更低，也就是说他们更愿意延迟满足。对于测量的 4 种商品，这些差异在统计上都是显著的。这说明，思维方式真的影响了被试的自控力——高建构水平提高了被试的自控力，他们更愿意延迟满足；而低建构水平则降低了被试的自控力，他们更不愿意延迟满足。

　　肯塔罗·富吉塔和同事后来又进行了多个类似的"思维实验"，通过不同的建构水平操纵和不同的因变量测量，都发现了相同的结论。其中，有一个实验用了另外一种非常有趣的建构水平操纵方法：往下举例或者往上举例。例如，所有被试都看到同一个词语：肥皂。对于高建构水平组来说，被试需要回答的问题是："肥皂是什么类别东西的一个例子？"这里，被试的回答可能是"卫生用品"。相反，对于低建构水平组来说，被试需要回答的问题是："肥皂的一个例子是什么？"这里，被试的回答可能是"洗澡用的香皂"。换句话说，往下举例其实是让被试的思维方式更加具体和局部，而往上举例则是让被试的思维方式更加抽象和全局。

全局策略：健康、财务和人生最优解

　　"思维实验"的结果有很大的启示。一个简单的"为什么"或者"怎么做"任务，就可以提高或降低人们的自控力。类似地，一个简单的"往上举例"或者"往下举例"词语练习，也可以提高或降低人们的自控力。这说明，自控力并非人们天生就有的禀赋，而是可以后天锻炼出来的。如果要培养孩子的自控力，家长们就要培养孩子全局型思维方式。例如，可以经常问"为什么"或者"向上举例"，以引发孩子的深度思考。

事实上，如果把人生看作全局，自控力就是确保人生的全局结果最优。例如，当孩子们面对游戏的诱惑时，屈从诱惑玩游戏只满足了一时的快感，而抵御诱惑可以带来的更好的学习成绩才是全局最优。很多孩子正是因为无法抵抗眼前的游戏，结果导致学习差，很多甚至考不上高中或大学，最后面临穷苦的一生。

类似地，当人们面对美食的诱惑时，屈从诱惑只满足了一时的口舌之欲，而抵御诱惑可以带来的身体更健康才是全局最优。很多人正因为无法抵御眼前的口舌之欲，结果导致肥胖、三高（高血脂、高血糖、高血压）等健康问题，最后在人生下半场要更早地面对病痛的折磨。

随着生活水平的提高，肥胖问题已经成为许多人都需要面对的挑战。肥胖通常是通过体重指数（BMI）来衡量的。根据中国人的特点，BMI 在 18.5~24 为正常，24~28 为超重，而 28 及以上则为肥胖。研究数据表明，目前中国有 34.8% 的人口超重，14.1% 的人口肥胖。请记住，超重和肥胖并不仅仅是身材问题，更是健康问题。超重或肥胖的人群更容易患上各种慢性病，包括糖尿病、高血压、高尿酸血症、高血脂和脂肪肝等。这些病症会增加社会医疗成本，也会降低人们的生活质量，甚至会缩短人们的寿命。

要控制体重，方法很简单，就是控制饮食和多锻炼，但大多数人却无法做到，因为美食的诱惑是巨大的，懒散的诱惑也是巨大的。因此，要想成功控制体重并不容易，需要人们有很强的自控力。

其实，控制饮食和锻炼不仅对普通人很重要，对运动员们更加重要。优秀的运动员往往有很强的自控力。例如，NBA著名球星勒布朗·詹姆斯（LeBron James）坚持每天只吃低卡路里的鸡胸肉，而拒绝口感更好的牛肉和猪肉。从2003年进入NBA开始，勒布朗·詹姆斯已经在NBA征战超过20年了。职业生涯至今，勒布朗·詹姆斯一共荣获4个NBA总冠军、4次总决赛MVP等诸多荣誉。2023年，39岁的勒布朗·詹姆斯还成了NBA历史上的得分王。

类似地，已故的NBA著名球星科比·布莱恩特也是一个拥有超强自控力的人。科比·布莱恩特的天赋并非最高（并非选秀状元），但他对篮球的无比热爱和超强自控力使他成了一个传奇。科比·布莱恩特每天都会早早起床，进行高强度的训练，他那句著名的话"你见过凌晨四点的洛杉矶吗？"正是其超强自控力的体现。在他的职业生涯里，科比·布莱恩特一共荣获5个NBA总冠军、2次总决赛MVP、2次NBA赛季得分王等诸多荣誉。科比·布莱恩特的"黑曼巴"精神更是激励了无数青少年。2020年，科比·布莱恩特因直升机事故遇难，时年41岁，全球无数球迷为之哀悼。

可以说，不论是勒布朗·詹姆斯，还是科比·布莱恩特，正是他们的超强自控力使他们成了职业生涯超过 20 年的超级巨星，非常不可思议。

除了游戏和美食的诱惑之外，在人生的全局中，还有消费的诱惑。屈从消费诱惑只满足了花钱的快感，而抵抗消费诱惑可以带来的财务健康才是全局最优。无数人正是因为无法抵抗眼前的消费诱惑，结果导致欠下信用卡、花呗等巨额债务，甚至破产等。

你可能以为只有低收入人群才会面临财务问题，其实不然。例如，在 NBA 球员之中，据统计有 70% 的球员在退役不久就会面临财务困境，因为他们仍然按照之前的生活方式大手大脚地花钱。有的 NBA 明星甚至破产。例如，著名的 NBA 明星艾伦·艾弗森（Allen Iverson）由于退役后挥霍无度，不出两年就把生涯将近 2 亿美金的薪水和广告收入都挥霍光，结果导致破产。因此，在消费上，每个人也需要有自控力，一定要量入为出，而不能消费上瘾，不然到最后恐怕真的要被"剁手"了。

心理距离实验

前面讲过，肯塔罗·富吉塔在纽约大学的导师雅科夫·特罗普教授是一位著名的心理学家和自控力研究领域的大师。雅科夫·特罗普教授和他的另一位学生尼拉·利伯曼（Nira Liberman）还有一个经典研究发现：与思维方式类似，扩大心理距离也可以提高人们的自控力。

所谓心理距离（Psychological Distance），其实包括了多种维度的距离。这种距离可以是时间维度（例如，明年比明天的距离更加遥远），也可以是空间维度（例如，纽约比上海离北京更遥远），还可以是社会维度（例如，一个陌生人比一个熟人离你更加遥远）。雅科夫·特罗普教授和尼拉·利伯曼提出，不论是时间维度、空间维度，还是社会维度，更远的心理距离都可以提高人们的自控力。

为了验证这个理论假设，雅科夫·特罗普教授和尼拉·利伯曼做了一系列"心理距离实验"。

在一个时间维度的"心理距离实验"中，被试是113个哥伦比亚大学学生（尼拉·利伯曼当时在哥伦比亚大学心理学系工作）。实验时，研究者进行了2（时间距离：远 VS 近）×2（学生兼职工作岗位：吸引人 VS 不吸引人）的随机分布，即操纵了2个自变量，因此被试被随机分到4个小组。

在对时间距离的操纵上：有一半被试看到的一个学生兼职工作岗位是立刻可以申请的（时间距离近）；而另一半被试看到的一个学生兼职工作岗位是一年之后才可以申请的（时间距离远）。在对学生兼职工作岗位的操纵上：有一半被试看到的工作岗位有着一个吸引人的工作内容，但同时也有着一个比较乏味的岗前培训；而另一半被试看到的工作岗位则有着比较乏味的工作内容，但同时也有着一个吸引人的岗前培训。最后，每一个被试都被要求对工作岗位的吸引力做出评价（最低分1分，最高分9分）。

聪明的你看出来了吗？最后每一个被试对工作岗位吸引力的评价，其实就是对被试自控力的测量。这是因为，工作内容是否吸引人对我们每个人非常重要，而岗前培训是否吸引人其实没那么重要。所以，如果被试的自控力高，他应该能够做出理性的评价，即对工作内容吸引人但岗前培训乏味的工作岗位的评估分数应该比较高，而对工作内容乏味但岗前培训吸引人的工作岗位的评估分数应该比较低。

实验结果表明，不同的时间距离影响了学生被试对工作岗位的评价：在近时间距离（立刻可以申请工作）的2个小组里，学生被试对2种不同工作岗位的评价差别不大（6.44 VS 6.13），其中工作内容吸引人但岗前培训乏味的工作岗位的评估分数略高；然而，在远时间距离（一年之后才可以申请工作）的2个小组里，学生被试对2种不同工作岗位的评价差别非常大（6.72 VS 4.74），其中工作内容吸引人但岗前培训乏味的工作岗位的评估分数远高于工作内容乏味但岗前培训吸引人的工作岗位的评估分数。

为什么会有这样的结果呢？其实，这就是因为当时间距离近时，学生被试的自控力比较低，没有认真考虑工作内容是否吸引人，是否对自己有益。相反，当时间距离远时，他们就会更认真考虑工作内容是否吸引人，是否对自己有益。

未来与自控力

其实，我们大多数人也是如此。例如，当巧克力蛋糕、奶茶等你喜欢但却不健康的食物或饮料放在眼前时，你很难拒绝，尽管知道它们不健康；然而，当你被告知一年后有巧克力蛋糕、奶茶等你喜欢但却不健康的食物或饮料送给你时，你就可以轻松地对自己说"不"。

甚至，这个时间距离不需要一年之后那么遥远。例如，当你现在立刻面对游戏或赌博等容易上瘾但却有害的活动时，你很难拒绝它，尽管你知道它对你有害；然而，当你对自己明天的活动做规划时，你就很容易对游戏或赌博等容易上瘾但却有害的活动说"不"。毕竟，我们每个人对明天的自己总是抱有理性的幻想，怀有美好的愿望：明天我将努力学习、锻炼、健康饮食等，但大多数人却对现在的诱惑无法拒绝。

遥远的心理距离为什么可以提高人们的自控力？其实，原因与全局型思维方式可以提高自控力是一致的。这是因为，当人们的心理距离较远时，或者当人们用全局型思维方式思考时，人们大脑里的信息处理方式就更抽象，更受冷静认知系统的控制，而不容易受冲动情绪系统的影响。

这些研究成果对我们提高自控力有非常大的启示。当我们了解到自己面对即时享乐等诱惑难以抵御时，不妨多想一想遥远的未来。例如，当你面对一块诱人的巧克力蛋糕、一支诱人的香烟或者一个诱人的游戏时，不妨想一想，这块巧克力蛋糕、这支香烟或者这个游戏对自己的未来意味着什么。如果你能这样问自己，或者能够这样问孩子，相信你自己或者孩子的自控力就会得到提高。毕竟，我们都知道，一块巧克力蛋糕对未来意味着肥胖概率的提高，一支香烟对未来意味着肺癌概率的提高，而一个游戏对孩子的未来则意味着学习成绩的下降和考入名校概率的降低。

《阿甘正传》和人物原型特里·福克斯

在古今中外的文学作品里，有许多高自控力的人物。我最喜欢的电影之一《阿甘正传》（*Forrest Gump*）就是这样的一个典型例子。电影《阿甘正传》改编自美国作家温斯顿·格鲁姆（Winston Groom）于 1986 年出版的同名小说，1994 年 7 月 6

日上映后获得了不可思议的成功。1995 年，《阿甘正传》荣获奥斯卡最佳影片奖、最佳男主角奖、最佳导演奖等 6 项大奖。在豆瓣上，《阿甘正传》获得了超过 200 万人的好评，评分高达 9.5 分！

阿甘于二战结束后不久出生在美国南方亚拉巴马州一个闭塞的小镇，他先天弱智，智商只有 75。然而，阿甘却靠强大的自控力，自强不息，不惧任何困难，最后实现了人生的逆袭，取得了大多数人终其一生都无法企及的成就，包括成为橄榄球巨星、战争英雄、中美乒乓外交参与者之一、美国水产业著名企业家、跑遍全美的领跑者、多次被总统接见等。

孩提时代的阿甘，不但先天弱智，还患有小儿麻痹症，行走时必须依靠金属支架。因此，阿甘上学时经常受到同学的欺负。为了躲避欺侮，阿甘听从了好朋友珍妮的话开始拼命"跑"。没想到的是，为了躲避别的孩子的追逐和扔来的石头，阿甘学会了摆脱金属支架的辅助。中学时，阿甘越跑越快，有一次为了躲避同学开汽车对他的追逐，他误跑进了一所学校的橄榄球场。结果他的跑步速度和耐力超过了所有在场的橄榄球队员，惊呆了现场的教练和所有人。或许，对那些橄榄球队员来说，跑得快是为了在比赛中获得奖杯；但对阿甘来说，跑得快则是为了活下去，否则他就可能被背后的汽车撞死。

就这样，阿甘依靠跑步的特长被橄榄球队教练相中，最后获得大学的破格录取。大学时期，阿甘凭借出色的跑步速度，多次获得比赛胜利，成为全美大学橄榄球巨星，甚至受到了肯尼迪总统的接见。

大学毕业后，恰逢越南战争，阿甘应征入伍。在越南战场上，阿甘和战友们中了埋伏，伤亡惨重。阿甘凭借超乎常人的奔跑速度，多次冒着枪林弹雨把战友救出战场，他自己也因此中弹受伤。最后，阿甘被授予战争英雄的荣誉勋章，并被约翰逊总统接见。

由于受伤，阿甘无法再回到战场，养伤期间，阿甘学会了打乒乓球。结果，奇迹再一次出现，阿甘出色的乒乓球技术竟让他成为全美乒乓球队的一员，被派往中国参与"乒乓外交"。回到美国后，阿甘意外地成为明星人物，上了各大电视台，还被尼克松总统接见。这已经是阿甘第三次获得总统接见了！

退伍之后，阿甘兑现了他和已故战友布巴的约定，买了一艘捕虾船。布巴是阿甘在越战部队里的好友，生前最大的愿望就是拥有一艘捕虾船。可惜，阿甘捕虾技艺不精，总是无功而返。不过，阿甘仍然坚持每天出海捕虾。结果，一场飓风让阿甘因祸得福，因为当时所有的船都不敢出海，而阿甘的船成了海上唯一的捕虾船，捕到了大量的虾。由于飓风导致虾的供应量锐减，价格大涨，阿甘意外地赚到了大钱。阿甘趁机购买了多艘捕虾船，成立了布巴·甘捕虾公司以纪念死去的布巴。阿甘也因此成为美国水产业的著名企业家，并把公司的一半股份给了布巴的母亲。

母亲病逝后，阿甘回到了亚拉巴马州。他孩提时代爱恋的珍妮也回来了。阿甘终于获得了爱情和幸福。然而，好景不长，珍妮很快又离开了阿甘。阿甘十分孤独，于是他决定离开家出去长跑。就这样，阿甘跑步横穿了美国。不可思议的是，阿甘长跑并没有什么目的，只是一直跑，不论酷暑寒冬，这一跑就是两三年。结果，阿甘吸引了许多追随者，他的这一行为，也给了无数人希望。阿甘的事迹再次被各大电视台、杂志、报纸所报道，他成了跑遍全美的领跑者。

奔跑了若干年后，阿甘回到了家乡。他又一次见到了珍妮，还有一个小男孩，那是珍妮给他生的儿子。阿甘和珍妮、儿子三人一起度过了一段幸福的时光。后来，珍妮得了绝症，不久就过世了，于是阿甘独自抚养儿子。

在电影的结尾，阿甘送儿子上了校车，坐在公共汽车站的长椅上，回忆起了他的一生。他自言自语地说："人生就像一盒各式各样的巧克力，你永远不知道下一块将是什么味道。"

回顾阿甘传奇的一生，尽管他的智商和最初的身体条件不如其他人，但他却依靠强大的自控力坚持努力，最后在人生的这条路上跑赢了大多数人。爱迪生曾说："全神贯注于你所期望的事物上必有所获。"阿甘的优点，正是这种专注于所做事情的自控力，不论是跑步、打乒乓球，还是捕虾，阿甘都因为坚持努力而超越常人。

当然，阿甘并非真人，而是艺术作品里的人物。不过，跑遍美国的壮举确有其人。他就是《阿甘正传》里阿甘的原型人物、加拿大家喻户晓的人物——特里·福克斯（Terry Fox）。1958 年 7 月 28 日，特里·福克斯出生于加拿大。青少年时期，他就非常喜欢运动。然而，18 岁的时候，他不幸得了骨肉瘤。为了活命，特里·福克斯不得不接受医生的建议，右腿被截肢了。

手术后，只剩下一条腿的特里·福克斯却大胆决定要横跨整个加拿大，为癌症研究筹款。当时，他的假肢并不允许他跑步，但他却坚持跑步，以至于假肢连接处经常流血。在 1980 年 4 月 12 日到 1980 年 9 月 1 日的 143 天时间里，他几乎每天都跑一个全程马拉松（只休息了 4 天），一共跑了 5 373 公里。加拿大民众被他的坚持感动了，许多人陪着他一起跑步，也有许多人给他的慈善事业捐款。

1981 年 6 月 28 日，年仅 22 岁的特里·福克斯由于癌症扩散去世了。他生前通过跑步募集的癌症研究捐款数额达到 2 340 万美元，被吉尼斯纪录誉为"世界上最会筹款的人"。加拿大全国为特里·福克斯的去世降半旗致哀，并授予他加拿大平民的最高荣誉——加拿大勋章（Companion of the Order of Canada），加拿大还有一座山峰也以他命名。

回顾特里·福克斯的一生，他虽然没有阿甘那么幸运，但他的自控力却不输于阿甘。当然，这也非个例，我们前面章节里提到的刘大铭、席娜·艾扬格、夏伯渝、梅西等都是如此。

刘大铭身患罕见绝症却能在轮椅上考上世界排名前 50 的大学，席娜·艾扬格尽管双目失明却成为全球顶级商学院里最优秀的教授之一，夏伯渝双腿截肢却在 69 岁高龄登上珠穆朗玛峰，梅西身患侏儒症却坚持每天给自己打针和训练，最后成为世界足坛球王。无论是阿甘、特里·福克斯，还是刘大铭、席娜·艾扬格、夏伯渝、梅西等，他们的自控力和坚持都帮助他们克服了大多数人无法想象的困难，并获得了大多数人无法企及的成就！

本章小结

思维方式是如何影响自控力的？

※ 思维实验：高建构水平与低建构水平，抽象全局思维与
　　具体局部思维。

※ 全局策略：美好人生的最优解。

※ 自控力不是天赋，而是后天培养所得。

※ 心理距离实验：训练自控力的好方法。

※ 阿甘正传——自控力也能帮助弱智者创造人生辉煌。

第九章

决策模式，
决策对象

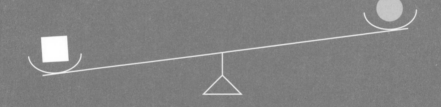

餐厅实验

    2013 年，我写了一本行为经济学领域的畅销书《理性的非理性》，里面有一个章节专门介绍了评估模式对人们决策的影响。评估模式的不同，会导致人们对同样的对象的关注点完全不同：在单独评估（无比较对象）时，人们关心的是该对象本身是否好；而在联合评估（有比较对象）时，人们关心的是该对象是否比别的参考对象好。评估模式的不同，有可能导致人们对同一对象的评价完全不同。

    有意思的是，评估模式也会影响人们的自控力。2005 年，美国华盛顿大学商学院伊丽卡·奥卡达（Erica M. Okada）教授在全球营销学术界顶级期刊《营销研究学报》上发表了一篇论文。在这篇论文里，伊丽卡·奥卡达教授做了一个著名的"餐厅实验"，去考察评估模式对自控力的影响。

    这个"餐厅实验"是一个真实的现场实验。在传统的心理学或行为学研究中，大多数实验都是在实验室里做的，尽管这样的实验内部效度很高，但外部效度却不高，容易被人质疑真实世界里是否也会有类似的现象。因此，越来越多的研究者开始在研究中既运用实验室实验，也运用真实的现场实验。这虽然提高了实验难度，但却大幅地提高了实验结果的外部效度。

所谓内部效度，是指研究结果在特定条件下被证实的程度，关注的是自变量和因变量之间因果关系的准确性。具体来说，如果研究结果有且只有一种解释，那么该研究的内部效度就高；如果研究结果存在其他可能的解释，那么该研究的内部效度就低。例如，一个实验显示被试吃了一种新药可以治疗感冒。如果这个新药是感冒治愈唯一可解释的原因，那么这个实验的内部效度就高；如果存在其他可能的解释，如时间的变化或温度的变化等，那么这个实验的内部效度就低。

而所谓外部效度，是指研究结果能够普遍推论到样本总体和其他同类现象中的程度，关注的是研究结果的普遍代表性和适用性。再以一个实验显示被试吃了一种新药可以治疗感冒为例。外部效度衡量的是这种效果能否推广到更广泛的病人群体或其他医疗条件下。

内部效度与外部效度两者之间存在此消彼长的关系。提高研究的内部效度可能会牺牲其外部效度，反之亦然。例如，为了提高实验中因果关系的准确性，研究者可能控制所有变量，这虽然提高了内部效度，但却限制了研究结果的普遍适用性，因为实验条件与自然环境条件存在差异。因此，在设计研究时，研究者需要在保证内部效度的基础上，尽量提高外部效度，以平衡研究的准确性和适用性。

在"餐厅实验"里，伊丽卡·奥卡达教授获得了美国一家餐厅老板的支持。该餐厅每晚大约有 80 位顾客就餐。伊丽卡·奥卡达教授研究的是顾客对甜点的选择。我们都知道，甜点是不太健康的食物。因此，在甜点的选择上，就可以看出每个顾客的自控力高低。

这家餐厅的甜点有 2 种：一种是爱尔兰奶油芝士蛋糕，非常美味，包含爱尔兰奶油、奥利奥饼干和巧克力等成分；另一种则是低脂芝士蛋糕，仅包含低脂奶油、芝士和蛋白。显然，第一种甜点（爱尔兰奶油芝士蛋糕）更好吃但却更不健康，而第二种甜点（低脂芝士蛋糕）相对而言更加健康。

在餐厅老板的支持下，伊丽卡·奥卡达教授的"餐厅实验"在连续 3 个星期二晚上进行。在第一个星期二晚上，餐厅的菜单上只提供爱尔兰奶油芝士蛋糕这一种甜点。在第二个星期二晚上，餐厅的菜单上只提供低脂芝士蛋糕这一种甜点。而在第三个星期二晚上，餐厅的菜单上则提供爱尔兰奶油芝士蛋糕和低脂芝士蛋糕两种甜点。聪明的你应该看出来了：只提供一种甜点时是"单独评估"，而提供两种甜点时则是"联合评估"。之所以选择连续 3 个星期二晚上进行实验，主要是为了尽量避免时间对实验结果造成偏差（与星期二晚上相比，人们更容易在周五、周六或周日晚上享受生活，也就是放松自我控制）。

实验结果非常有趣，证实了伊丽卡·奥卡达教授的假设。在第一个星期二晚上，当餐厅的菜单上只提供爱尔兰奶油芝士蛋糕这一种甜点时，有 30.2%（26/86）的顾客选择了该甜点。在第二个星期二晚上，当餐厅的菜单上只提供低脂芝士蛋糕这一种甜点时，有 27.7%（23/83）的顾客选择了该甜点。这两个晚上顾客选择甜点的比例没有显著差异。

有意思的是，在第三个星期二晚上，当餐厅的菜单上提供了爱尔兰奶油芝士蛋糕和低脂芝士蛋糕两种甜点时，有 34.5%（30/87）的顾客选择了低脂芝士蛋糕，而有 20.7%（18/87）的顾客选择了爱尔兰奶油芝士蛋糕。二者之间的差异是显著的。也就是说，当面临两种甜点选择时，有更多的顾客选择了低脂芝士蛋糕。

这个实验结果非常有趣。当爱尔兰奶油芝士蛋糕和低脂芝士蛋糕这两种甜点各自在单独评估的决策模式下，顾客对它们的偏好（选择）是差不多的。然而，当两种甜点在联合评估的决策模式下，顾客更加偏好低脂芝士蛋糕。换句话说，顾客的偏好（选择）逆转了。这是因为，当这两种甜点都展示在人们面前时，选择更加不健康的爱尔兰奶油芝士蛋糕显然会带来更大的负罪感，因此就有更多人选择了低脂芝士蛋糕。这说明，在联合评估模式下，顾客的自控力提高了！

为什么单独评估和联合评估会影响人们的自控力？因为在大多数人心中，享乐品（奢侈品或有害品）比实用品（必需品或有益品）更有吸引力。但是，根据马斯洛需要层次理论（Maslow's Hierarchy of Needs），实用品比享乐品更为生活或工作所必需，而享乐品通常并非必需。而且，购买和消费享乐品违背了大多数文化传统里的节俭观念，所以我们购买和消费享乐品通常会产生一定的负罪感。这就导致联合评估时人们更理性，更偏好实用品，即选择更加必需的东西。

奖品的选择

评估模式带来的偏好逆转可能会给一些机构的奖品选择带来困惑。在《理性的非理性》一书里，我写到了以下的亲身经历。

有一年，我担任清华大学经济管理学院工会委员，参与了年终晚会筹划。在设置晚会特等奖的奖品时，我们主要考虑了以下两个选项。

A：价值 10 000 元的家乐福超市购物卡。

B：价值 10 000 元的新马泰豪华邮轮双人旅行。

到底哪个更受欢迎呢？为此，我们在单位进行了问卷调查。结果发现，在 A 和 B 之间，大多数人选择了 A（家乐福超市购物卡）。于是，工会决定把特等奖奖项设定为 A（价格 10 000 元的家乐福超市购物卡）。

年终晚会上，一位同事幸运地获得了特等奖，开开心心地领奖回家了。

第二年，当我和其他工会委员再次考虑年终晚会奖品的选择时，我们决定去采访去年获得特等奖的那位同事，想听听他的反馈和意见。没想到，那位获得特等奖的同事的话却出乎我们的预料。

"获得特等奖当然很高兴！不过，我建议今年千万不要设置家乐福超市购物卡作为特等奖的奖品了。因为我获奖后不得不经常去家乐福超市买东西，每次里面都人山人海，浪费了很多时间。而且，家乐福超市里都是些日常食品和用品，买回来没有什么惊喜和快乐。我记得咱们单位去年晚会前做了个调查，另外一个选项是东南亚豪华邮轮旅行什么的，为什么不用它做特等奖的奖品呢？如果我能获得东南亚豪华邮轮旅行，估计我会一辈子难忘！"

根据问卷调查中大多数人的选择，设置家乐福超市购物卡作为特等奖的奖品，但为什么获奖者最后反而不满意呢？其实，答案很简单。在问卷调查时，由于使用的是联合评估（被调查者同时看到 A 和 B 两个奖项），所以理性促使大多数人选择了生活必需的实用品（超市购物卡）而非享乐品（豪华邮轮旅行）。然而，在获奖者使用奖品时，却只是单独评估。很显然，单独评估时，享乐品（例如豪华邮轮旅行）往往比实用品（例如超市购物卡）更令人快乐。

这就是评估模式带来的偏好（选择）逆转。当时做问卷调查时，我们用的是联合评估，结果发现大多数人更偏好超市购物卡而非豪华游轮旅行。然而，当同事每周去超市购物时，他做的则是单独评估。因此，他的偏好发生逆转了。

所以，如果我们当时的调查问卷只采用单独评估（被调查者只看到 A 或 B，即问卷有 2 个版本，然后让被调查者对奖品进行打分评价），就可以很容易发现大多数人们对 B（豪华邮轮旅行）的偏好更高，也就不至于犯这样看似"科学而又民主"的错误了。

选择策略：如何影响他人的决策

前面所述的"餐厅实验"还有另一个不可思议的结果。在前两个星期二晚上，各只有 30.2% 和 27.7% 的顾客选择了吃甜点。然而，在第三个星期二晚上，共有 55.2% 的顾客选择了吃甜点（34.5% 选择了低脂芝士蛋糕，20.7% 选择了爱尔兰奶油芝士蛋糕，加起来是 55.2%）。这说明，在联合评估模式下，有更多顾客选择了吃甜点。因此，我们也可以说，顾客的自控力实际上降低了。

这个结果对我们的生活有非常大的启示。如果你希望加强自我控制，那么你要警惕联合评估这种决策模式。例如，在面对多种甜点选择时一定要警惕自己的选择。因为，不管你选择哪一种甜点，都比不吃甜点要增加很多卡路里。所以，最好的选择是什么甜点都不选，而不是自欺欺人地选择一种相对没那么不健康的甜点。又如，如果朋友请你抽雪茄或香烟，你也一定要警惕自己的选择。因为，不管你选择高尼古丁含量的雪茄，还是相对低尼古丁含量的普通过滤嘴香烟，都不利于健康，最好的选择是不吸烟。类似地，如果你面临喝酒（赌博）的选择时，也一定要警惕自己的选择。因为，不管你选择大喝一顿（大赌一场）还是小酌一杯（小赌怡情），都可能有危害，最好的选择是不喝酒（不赌博）。

反过来，如果你希望放松自我控制，则可以使用联合评估这种决策模式。例如，你和父母都住在北京，冬天来了，你想带父母去三亚度假，但是父母由于节俭和自控而决定不去，因为他们舍不得让你多花钱。这时候，一个更好的策略是，你告诉父母你决定带他们去度假，目前有两个目的地可以选择，一个是三亚，一个是厦门，然后问父母更喜欢去哪里。这时候，父母的决策就会聚焦在二选一上，而不是去或不去的零一决策上，最终父母选择去度假的概率就会大大增加。因为，对你来说，更重要的事情，其实不是度假地点的选择（三亚或厦门都无所谓），而是带父母出去度假，以孝敬他们。

获得 VS 放弃实验

在自控力研究领域，耶鲁大学管理学院的莱维·多尔（Ravi Dhar）教授也是一位大师。说起莱维·多尔教授，他是我的师伯，也就是我导师冉·凯维兹教授的师兄。莱维·多尔教授和我在哥伦比亚大学读博士时的导师冉·凯维兹教授都是斯坦福大学商学院著名教授伊塔玛·西蒙森的博士生。2011年，美国消费者研究协会在美国圣路易斯举行年会，伊塔玛·西蒙森教授被评为该协会首批院士，又恰逢他六十大寿，于是他的学生、学生的学生从世界各地飞到美国圣路易斯为他庆祝。当时莱维·多尔教授和冉·凯维兹教授都去了，我也从中国千里迢迢飞过去参加伊塔玛·西蒙森学派的大聚会，非常开心。

在联合评估中，"获得"还是"放弃"也会影响到人们的决策。2000年，莱维·多尔教授和欧洲工商管理学院的克劳斯·沃腾博洛柯（Klaus Wertenbroch）教授在《营销研究学报》上发表了一篇论文，提出：在选择要"获得什么"的时候，人们的自控力更高（更倾向于获得实用品，即理性选择）；

而在选择要"放弃什么"的时候，人们的自控力更低（更倾向于放弃实用品，即感性选择）。

为了验证这个理论假设，他们招募了51个大学生参加实验。所有被试都看到了两个礼券，一个是价值7美元的音乐CD礼券，另一个则是价值7美元的计算机软盘礼券。聪明的你应该立刻可以看出来，音乐CD礼券属于享乐品，而计算机软盘礼券属于实用品。

所有被试被随机分成2组：在"获得"组，被试需要先填写一份调查问卷，然后选择一个礼券作为自己参加问卷调查的回报；相反，在"放弃"组，实验人员先给被试两个礼券，并告诉他们每个人都可以保留这两个礼券以作为自己参加问卷调查的回报，但在被试填写完问卷后，实验人员又告诉他们由于采购流程上的错误，每个被试只能保留一个礼券，而需要返还另一个礼券。

实验结果表明，在"获得"组，54%的被试（14/26）选择了音乐CD礼券；而在"放弃"组，84%的被试（21/25）选择了音乐CD礼券。二者的差别在统计上是显著的，从而证实了莱维·多尔教授和克劳斯·沃腾博洛柯教授的假设：在选择要"获得什么"的时候，人们的自控力更高（更倾向于获得实用品）；而在选择要"放弃什么"的时候，人们的自控力更低（更倾向于放弃实用品）。

由此可见，"获得"还是"放弃"的决策模式可以影响人们的自控力。在"获得"的决策模式下，我们往往比较理性，会有更高的自控力。相反，在"放弃"的决策模式下，我们往往比较感性，会有更低的自控力。因此，如果你希望提高自己的自控力，不妨多在"获得"的决策模式下做决策。

电影实验与拖延症

2007年，耶鲁大学管理学院的莱维·多尔教授和他的博士毕业生、卡耐基梅隆大学的乌兹玛·康恩（Uzma Khan）教授在全球心理学顶级期刊《实验心理学学报》上发表了一篇论文，他们发现：当人们进行自我控制决策时，如果该决策是未来连续多个决策之一，人们往往会高估自己未来的自控力，而选择在当下的决策中放松自我控制。

为了验证这个假设，莱维·多尔教授和乌兹玛·康恩教授做了著名的"电影实验"。"电影实验"的被试是80个耶鲁大学的学生。被试被告知实验结束后可以免费租赁一部DVD电影，他们需要在8部电影中选择1部。两位教授在设计实验时，设置的8部电影中有4部爆米花电影（例如《十一罗汉》）以及4部严肃电影（例如《辛德勒名单》）。这里对爆米花电影和严肃电影的使用与我博士论文里的"努力实验"非常类似。聪明的你现在应该一眼就能看出来，这是对自控力的测量：爆米花电影更快乐，但没有什么益处；严肃电影没那么快乐，但却能启迪人生。

"电影实验"的核心是对自变量的操纵：实验里，被试被随机分成2个小组，即实验组和对照组。在实验组，被试被告知他们需要在本周完成1个问卷调查，在下周再完成另一个问卷调查，因此有2次获得免费租赁DVD电影的机会。相比之下，在对照组，被试被告知他们需要在本周完成1个问卷调查，因此会有1次获得免费租赁DVD电影的机会。然后，所有被试都参加了本周的1个问卷调查，并都在8部DVD电影中选择一部作为奖励。

值得注意的是，两组被试付出的实际努力是一样的（都只做了1个问卷调查），唯一的不同是实验组的被试预期下周还会有另一个问卷调查和另一次免费租赁DVD电影的机会，而对照组的被试知道自己只有这一次获得免费租赁DVD电影的机会。现在，聪明的你不妨思考一下，两组被试的选择会有什么不同呢？

实验结果发现，实验组选择爆米花电影的比例更高（80%），也就是自控力更低；而对照组选择爆米花电影的比例更低（57.5%），也就是自控力更高。这个差异在统计上是显著的。这说明，实验组由于认为自己有两次选择机会，更倾向于在第二次进行自我控制，从而更多人在第一次选择了享乐。

换句话说，他们给自己找了一个现在可以享乐的理由——下一次我将进行自我控制。

"电影实验"的结果和人们日常生活中的表现非常一致。人们通常都喜欢在当下拖延该做的事情，而把这些该做的事情都留到未来去做。人们往往对未来有一个过于乐观的估计——自己在未来将很好地进行自我控制。殊不知，这正是人们习惯拖延的原因。

还记得《明日歌》吗？"明日复明日，明日何其多。我生待明日，万事成蹉跎。"《明日歌》描述的正是拖延症。大多数人都把明天或者未来的某个时点当成自我控制的开始，而给今天和当下留了"最后再享乐一次"的借口。结果，当明天或者未来的某个时点到来时，大多数人仍然无法开始自我控制，从而陷入又把希望留给下一次的恶性循环。

为他人决策实验

还记得本章开头伊丽卡·奥卡达教授的"餐厅实验"吗？在"餐厅实验"里，伊丽卡·奥卡达教授发现，单独评估和联合评估会影响人们的自控力，人们在联合评估的时候自控力更高。后来，伊丽卡·奥卡达教授进一步研究发现，即使是在联合评估的情况下，人们给他人做决策的时候自控力仍然较低。

为了验证这个假设，伊丽卡·奥卡达教授进行了一个实验室实验，被试是 80 名大学本科生。在第 1 周，被试对一个价值 50 美元的超市购物券进行了评价。在第 4 周，被试又对一个价值 50 美元的美食餐厅餐券进行了评价。聪明的你现在应该一眼就能看出来，这两种情况都是单独评估。

有意思的是，在第 7 周，伊丽卡·奥卡达教授要求被试在价值 50 美元的超市购物券和价值 50 美元的美食餐厅餐券之间进行选择。显然，这是对自控力的测量：超市购物券更加实用，而美食餐厅餐券则更加享乐。

最后，在第 10 周，被试被要求在二者之间再次进行选择，但这次决策是他们的朋友替他们进行的。他们被问道："你希望你的朋友替你选择哪一个？"显然，在这个决策情境中，决策的责任由朋友承担，而非被试本人。

实验结果与"餐厅实验"一致，再次证实了伊丽卡·奥卡达教授的假设。在第 1 周和第 4 周的两次单独评估中，被试更想要美食餐厅餐券（评估分数为 12.7），而非超市购物券（评估分数为 11.2），二者之间的差异是显著的。而在第 7 周的联合评估中，更多被试选择了超市购物券（56.2%，45/80），更少被试选择了美食餐厅餐券（43.8%，35/80），二者之间的差异也是显著的。换句话说，顾客的偏好（选择）逆转了。在联合评估模式下，顾客的自控力提高了！

更有趣的是，在第 10 周朋友进行的联合评估决策中，更多被试选择了美食餐厅餐券（58.8%，47/80），更少被试选择了超市购物券（41.3%，33/80），二者之间的差异也是显著的。与第 7 周被试自己进行的决策相比，尽管都是联合评估决策，但偏好（选择）却再次逆转。换句话说，当朋友给自己做决策而非自己给自己做决策时，自控力降低了！

这和我们的日常生活非常一致。毕竟，所谓自控力，就是人们对自己的要求会更高（我们自己吃饭时会考虑少吃美味且高热量的食物，但对于别人我们不但不会建议他们少吃，还会建议他们多吃）。类似的现象，也存在于不同的人给孩子做决策时：父母给孩子买食物时，会考虑孩子的健康而不会纵容孩子吃不健康食物；然而，叔叔或阿姨给孩子买食物时，就不太考虑孩子的健康，而更多考虑的是孩子的快乐，往往会买很多糖果、薯片等不健康食物。正因为如此，很多孩子最喜欢的人是叔叔或阿姨，因为他们从来不要求孩子进行自我控制。

基普乔格：他靠什么成为马拉松之王？

说起埃鲁德·基普乔格（Eliud Kipchoge），很多人可能没听说过。是的，与足球明星梅西、NBA 明星勒布朗·詹姆斯等相比，基普乔格的知名度要低很多，但他的成就丝毫不逊色。作为当今最伟大的马拉松运动员，基普乔格是马拉松男子世界纪录创造者。他还是 2016 年里约热内卢奥运会和 2021 年东京奥运会的马拉松冠军，在马拉松六大满贯比赛（波士顿马拉松、芝加哥马拉松、伦敦马拉松、柏林马拉松、纽约马拉松和东京马拉松）中的夺冠次数达到 10 次。而且，已经 39 岁高龄的他，下一个目标竟然是继续参加 2024 年的巴黎奥运会，并努力争取连续第三次获得奥运会马拉松冠军！

那么，基普乔格是靠什么成为马拉松之王的呢？答案是天赋加自控力。正是他二十年如一日苦行僧一样的自律和勤奋，才成就了今天的马拉松之王。基普乔格曾说："只有自律的人才能获得真正的自由。"

1984 年 11 月 5 日，基普乔格出生于肯尼亚西部南迪县一个贫穷的小村庄。他是家中 5 个孩子中最小的，母亲是幼儿园老师，父亲则在他很小的时候就辞世了，基普乔格对父亲没有任何记忆。

基普乔格的家乡有多穷呢？2005 年，去基普乔格家乡采访的国际田联杂志记者写道："从埃尔多雷特国际机场开上一条土路之后，我们不得不关上车窗，因为每一辆路过的汽车都会掀起漫天尘土。过了二三十分钟，我们终于抵达他的老家，一个位于南迪区心脏地带，只有几栋房屋的小村庄。"

因为贫穷，基普乔格从小就以跑步作为交通方式。这也正是他超强自控力训练的开始。他每天需要跑步去上学，因为学校离家大约有 4 公里。每天中午，他再跑步回家吃饭，然后下午再跑步去学校上课，晚上再跑步回家（途中还要顺路去挤牛奶），一天一共需要跑大约 16 公里。

2001 年，17 岁的基普乔格遇到了他生命中的贵人。在一次比赛中，基普乔格遇到了帕特里克·桑（Patrick Sang），他是世界上最好的障碍赛选手之一，曾在 1992 年巴塞罗那奥运会上获得 3 000 米障碍跑亚军。同为肯尼亚人，而且是同一个村子里的人，帕特里克·桑是基普乔格的偶像。基普乔格抓住机会，对帕特里克·桑说，"我希望能加入你的跑步训练营。"

俗话说，名师出高徒。正式成为帕特里克·桑的学生后，基普乔格开始快速成长。在帕特里克·桑举办的卡普塔加特训练营中，一共有大约 25 名精英选手。基普乔格很快融入了他们，学习跑步和竞争。运动员们除了训练外，还要做许多事情，从打扫卫生到制作面包，每天过着苦行僧一样的生活。正是这样的生活方式，让基普乔格得到了专业的自控力训练。

很快，基普乔格就在肯尼亚的赛事中脱颖而出。2003 年，他在巴黎举行的田径世锦赛男子 5 000 米比赛中崭露头角，并第一次获得冠军。后来在 2004 年雅典奥运会和 2008 年北京奥运会上，他都获得了男子 5 000 米比赛的奖牌。

没想到的是，基普乔格的运动生涯此后落入低谷。2012 年，在肯尼亚国内的 5 000 米选拔赛中，基普乔格因为发挥不佳，竟然无法代表肯尼亚出战2012年的伦敦奥运会。这一年，基普乔格已经28岁了。对于一个田径运动员来说，这已经是大龄了。

是退役，还是继续奋斗？基普乔格选择了继续奋斗。既然无缘2012年伦敦奥运会5 000米比赛，基普乔格决定转战世界各地的马拉松赛场。

出乎所有人意料的是，一个连5 000米比赛都无法出线的老运动员，基普乔格竟然从此开始成为马拉松之王，他的传奇到今天已经持续了10年以上。2013年，基普乔格在汉堡国际马拉松比赛中以2小时5分30秒的成绩夺冠，这是他的马拉松首秀；2014年，他以2小时4分11秒的成绩获得芝加哥马拉松冠军；2015年，他在伦敦马拉松比赛中以2小时4分42秒的成绩夺冠；2016年，他在里约热内卢奥运会马拉松比赛中以2小时8分44秒的成绩夺冠；2021年，他在东京奥运会马拉松比赛中以2小时8分38秒的成绩夺冠；2022年，他在柏林马拉松比赛中以2小时1分09秒打破了他自己之前创造的马拉松世界纪录……

不可思议的是，基普乔格还曾经在"马拉松比赛"中成功"破二"，即在2小时内跑完马拉松。2019年，在奥地利维也纳，基普乔格以1小时59分40秒完成比赛，成为人类历史上首位马拉松跑进2小时的运动员。由于不是正式比赛，这项纪录并不被国际田联承认，但这是人类马拉松历史上的一个里程碑。因为，有科学家测算，以人类目前的生理条件，马拉松跑进 2 小时内几乎不可能。正因为如此，全世界各地的马拉松迷们把马拉松"破二"看成是和人类首次登月一样的奇迹。

更加不可思议的是，在成功"破二"后，主办方当晚准备了一场狂欢，许多人都激动地喝酒庆祝，但基普乔格却滴酒未沾。他发表了简短的感言后，就回到自己的房间去休息了。因为，连续 20 多年苦行僧般的自律让基普乔格明白，拒绝各种放纵的生活，才可以让他保持最佳的身体条件，专注地成为他想要成为的人。

正是这种超高的自控力，才让基普乔格的马拉松生涯长得不可思议。即使在功成名就的今天，他仍然保持着每天的刻苦训练。不参加比赛时，基普乔格仍然会与其他队员一起参加卡普塔加特训练营，20 多年来从未间断。美国媒体曾经这么形容卡普塔加特训练营："这里遵循几乎修道式的指令，一个远离世界的地方，只有寂静和贫乏，唯一繁茂的就是非洲之角的高原上的植被群。"基普乔格在这里每天都要自己打扫房间卫生、从井里打水、洗衣服、做面包等。在他看来，这是一种生活方式，是一场真正的修行。

基普乔格喜欢卡普塔加特训练营的简单生活："我在这里只关注训练。"有记者问他，每天在这么偏僻的地方训练，是否会感到枯燥？基普乔格笑着说："对这项运动的热爱使我每天都喜欢它，我从未感受到跑步枯燥乏味。"

或许，这真的是自控力的最高境界。

本章小结

决策模式会影响自控力吗?

※ 餐厅实验:评估模式对自控力的影响。

※ 自控力中的理性选择和感性选择。

※ 自控力中的自我决策和他人决策。

※ 马拉松世界纪录创造者——基普乔格靠自控力成为世界
马拉松之王。

第十章

坚持锻炼,
静心冥想

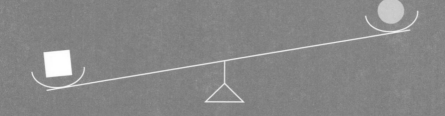

锻炼实验

你平时有锻炼的习惯吗？

你身边那些坚持锻炼和不锻炼的朋友，有哪些不同的行为习惯呢？

锻炼，除了可以让我们的身体更健康和好看之外，也能提高我们在其他维度的自控力吗？例如，在学习和认知任务上的表现。

2006年，澳大利亚麦考瑞大学（Macquarie University）的博士生梅根·奥腾（Megan Oaten）和导师肯恩·程（Ken Cheng）教授在《英国健康心理学报》（*British Journal of Health Psychology*）上发表了一篇论文，提出定期锻炼会增强人们的自控力，包括锻炼维度之外的自控力。

这个理论假设看起来很简单，但却并不容易用实验来验证。因为实验要对自变量进行操纵，而这里的自变量是"定期锻炼"。要让被试进行"定期锻炼"，这并不容易操纵。毕竟，如果只让被试锻炼几小时或者几天，这并不是"定期锻炼"。"定期锻炼"需要被试至少进行几个月的锻炼，这样才能看出"定期锻炼"对身体健康是否有效果，对自控力的提高是否有效果。

为了验证这个理论假设，梅根·奥腾和肯恩·程教授做了一个为期 6 个月的纵向研究（Longitudinal Study），我们不妨称之为"锻炼实验"。被试是澳大利亚麦考瑞大学的 24 名本科生（6 名男生和 18 名女生）。有意思的是，这 24 名本科生的年龄从 18 岁到 50 岁不等（澳大利亚的大学允许成年人进行本科学习），平均年龄为 24 岁。被试参加这个实验并没有报酬，他们参加实验的目的是可以免费获得麦考瑞大学健身房的会员资格。这些被试有一个共同点，即他们和很多人一样希望身体健康却没有定期锻炼的习惯。他们需要做的就是在研究人员的帮助下制订健身计划，并在实验期间定期锻炼。

在"锻炼实验"中，研究人员把被试随机分为 3 组：一个锻炼组和两个对照组。锻炼组的被试首先参加了为期 2 个月的锻炼计划。锻炼计划是由健身教练为每个被试量身定制，包括有氧操、自由重量练习（如杠铃、哑铃等）和抗阻力训练。与之相比，两个对照组的被试在前 2 个月里则什么锻炼都没有进行。从第三个月开始，对照组 1 的被试也进行了为期 2 个月的锻炼计划，而对照组 2 的被试则仍然什么锻炼都没有进行。从第五个月开始，对照组 2 的被试才开始参加为期 2 个月的锻炼计划。简单来说，实验组的被试是在第一个月和第二个月进行锻炼，对照组 1 的被试是在第三个月和第四个月进行锻炼，对照组 2 的被试是在第五个月和第六个月进行锻炼。在这里，我们不难看出，这个实验设计颇为巧妙，不仅可以进行组间对比（实验组与对照组），还可以进行组内对比（同一个小组在不同时间段的对比）。

了解了自变量"定期锻炼"的操纵后，我们来看因变量"自我控制"的测量。为了尽可能多地测量"自我控制"的不同维度，梅根·奥腾和肯恩·程教授主要用了 3 种办法：①被试在"定期锻炼"期间每周进行锻炼的次数；②被试在问卷上的自我汇报，包括他们的情绪压抑、感知压力、自我效能，以及日常自控行为（如抽烟、喝酒、喝咖啡、吃垃圾食品、冲动消费、是否坚持学习等）；③被试在一个有干扰的视觉追踪任务上的表现，这是通过电脑进行测试的——在这个任务中，被试需要进行视觉追踪任务，就像玩视频游戏一样。电脑屏幕上有 6 个黑色方块不断地移动，来回闪烁，被试需要追踪这些方块。这看起来并不难，然而被试需要很高的专注力才能很好地完成这个有干扰的视觉追踪任务。这个干扰就是著名的"白熊游戏"——被试被要求不能想象一只白熊；无论什么时候被试注意到自己在想象中出现了一只白熊，他们必须将这个想法记录下来。为了测试这个干扰对被试专注力的影响，每个被试先做了一次视觉追踪任务，然后进行白熊游戏，之后又做了一次视觉追踪任务，以比较他们在白熊游戏这个干扰前后的任务表现的不同。

让我们继续追踪实验过程和结果。首先，我们来看一下被试参加锻炼的情况。在研究人员的安排和鼓励下，被试在定期锻炼期间积极有效地利用健身资源，一旦有时间就到健身房打卡，实验人员会把他们的锻炼次数记录下来，在不耽误正常社交的情况下，研究人员没有要求他们改变其他生活习惯。每个小组被试的定期锻炼都维持了两个月。结果发现，不论是实验组还是对照组，被试的锻炼次数都随着时间而增长：在第一周和第二周，被试每周去健身房锻炼的平均次数不到 1 次；在第三周和第四周，已超过 1 次；在第五周和第六周，已超过 2 次；在第七周和第八周，已超过 3 次。和被试没有参加定期锻炼前相比，被试的这些改变是一个很了不起的表现——他们增加了每周锻炼的次数，慢慢形成了锻炼的好习惯。

其次，我们来看一下被试的情绪压抑、感知压力、自我效能，以及日常自控行为（如抽烟、喝酒、喝咖啡、吃垃圾食品、冲动消费、是否坚持学习等）。实验结果发现，定期锻炼降低了被试的情绪压抑和感知压力，但自我效能没有明显的变化。最振奋人心的结果则是被试在日常自控行为上的变化——参加定期锻炼使得被试抽烟少了、喝酒少了、吃垃圾食品少了，甚至喝咖啡的次数也减少了，饮食习惯变健康了，尽管并没有人要求他们这么做。他们把家里收拾得更整洁，及时餐后洗碗而不是像往常一样浸泡在水池里；他们沐浴后就洗掉衣服；

他们不再经常与朋友看电视消磨时间，而是投入更多时间学习；他们做事不再拖沓，甚至连约会迟到也变少了！

最后，我们来看一下被试在"白熊游戏"干扰前后的视觉追踪任务上的表现。组内对比和组间对比的结果都表明，随着定期锻炼的进行，每个小组被试在"白熊游戏"干扰前的视觉追踪任务上的平均错误率都差不多，但在"白熊游戏"干扰后的平均错误率显著降低。这说明，定期锻炼提高了被试对干扰的抵抗能力，而这是自控力的显著特征之一。

锻炼可以提高自控力

"锻炼实验"告诉我们，定期锻炼真的可以提高人们的自控力。很多人都觉得提高自控力非常困难，但"锻炼实验"的结果表明，即使是为期 2 个月的定期锻炼，也可以显著提高人们的自控力，包括在吸烟、喝酒、喝咖啡、吃垃圾食品等日常行为上的改变，以及在需要专注力的认知任务上的表现。因此，如果你希望自己或孩子提高自控力，最简单的办法之一就是进行定期锻炼。这将使你或孩子更好地抵抗生活中的各种诱惑（如吸烟、喝酒、喝咖啡、吃垃圾食品等），变得更强大、更自律，而且在学习或考试中也表现更出色！

禅修和冥想

了解了身体锻炼对提高自控力的作用之后，我们再来学习另一个提高自控力的有效方法：冥想。

你冥想过吗？

冥想（Meditation）的起源比佛教还早，后来成为佛教里"禅修"的一种方法。在英文中，"冥想"和"禅修"都是Meditation。一般认为佛教是公元前 6 世纪至前 5 世纪由释迦牟尼创立的。释迦牟尼最初也是从瑜伽士那里学习到冥想和哲学的，后来他作为王子放弃了荣华富贵，精心研究冥想和哲学，最终开创了佛教。目前比较公认的关于冥想的最古老证据是来自印度大陆发现的壁画，年代大概是公元前 5000 年—公元前 3500 年。壁画的内容是闭着眼睛盘腿坐着的人，这就是冥想的直接证据。冥想最早的文字记录则是公元前 1500 年古印度的《吠陀经》。

后来，冥想开始从古印度传播到世界各地。公元前 327年—公元前 325 年，古希腊哲学家在一定程度上受到印度圣贤和瑜伽士的积极影响，发展了自己的冥想版本。用学者乔治·费尔斯坦（George Feuerstein）在其著作《瑜伽心理学》中的话来说："柏拉图和亚里士多德以及历史学家希罗多德，都坦率地承认了东方对希腊思想的影响。对于古希腊人来说，古印度先贤们体现了他们自己所追求的哲学生活的最高美德。"

"冥想"或"禅修"传到我国是在汉代，这也是佛教传到我国的时间。佛教在我国长达两千多年的历史也使得国人对冥想或禅修不感到陌生。说到禅修，我们脑海里就会浮现出许多中国佛教的高僧，如唐代著名高僧玄奘。玄奘本姓陈，名祎，洛阳缑氏（今河南洛阳偃师缑氏镇）人。他13岁出家，21岁受具足戒，曾去各地游历并参访名师，学习《涅槃经》《摄大乘论》《杂阿毗昙心论》《俱舍论》等经论。玄奘因感到各师所说不一，各种经典也不尽相同，于是决定西行求法，以解迷惑。贞观三年（公元629年），玄奘从长安（今西安市）出发，出甘肃敦煌，经新疆及中亚等地，辗转到达印度取经，进入当时印度佛教中心那烂陀寺学习，并在5年后开始讲经，在印度声名大起。贞观十九年（公元645年），玄奘返回长安。史书记载，玄奘西行求法，往返十七年，旅程五万里，所历上百国，带回大小乘佛教经律论共五百二十夹，六百五十七部，成为一代传奇。

孩子们最喜欢的四大名著之一《西游记》，就是明代的吴承恩根据玄奘的故事创作的。在西天取经的路上，唐僧（唐玄奘，唐三藏）先后收得孙悟空、猪八戒、沙悟净、白龙马为护法和脚力。唐僧取经的路上可谓是历经艰险，一共经历了九九八十一难，最终成功到达西天见到如来佛祖，取得真经，修成正果。小时候，我和其他孩子一样，都最喜欢神通广大的孙悟空，不喜欢什么都不会、看起来顽固迂腐的唐僧。尤其是看到唐僧不明事理，屡次被妖魔所骗，还经常偏信猪八戒的谗言，两番赶走孙悟空，心里更不喜欢他。然而，长大之后，我才明白唐僧是取经成功的最重要之人。这是因为，只有唐僧取经意志无比坚定，不畏任何艰难险阻，甚至在面临女儿国国王的美色诱惑时，也不愿意留下享乐，而是一心一意地前往西天。相反，不论是神通广大的孙悟空，还是猪八戒，都经常对取经三心二意，没有足够的意志力坚持到底。由此可见，唐僧的自控力远超其他人。

当然，唐僧只是《西游记》这部小说里的虚构人物，但他现实中的原型人物玄奘，其自控力不可谓不强。如果没有坚定的意志力，玄奘不可能一个人17年徒步5万里，孤身往返印度，历经艰险求得佛法。还记得本书第七章提到的10年徒步8万公里走遍全中国的雷殿生老师吗？雷殿生老师遇到的艰难险阻不可谓不多，而这还是在现代社会里，有手机等许多先进的装备。而玄奘在1300多年之前的唐朝就一个人17年徒步5万里往返印度取经，其艰难险阻难以想象。

事实上，除了玄奘，许多佛教高僧都给我们留下了自控力极高的印象。毕竟，佛教的"不杀生、不偷盗、不邪淫、不妄语、不饮酒"等清规戒律就是对自控力的最大磨炼。对普通人来说，不偷盗应该不难做到，但是不吃肉、不喝酒、不撒谎、不近女色都极难做到。

在佛教里，每位僧人最经常做的一件事就是静坐冥想。因此，一个有意思的问题自然是，冥想可以提高人们的自控力吗？要回答这个问题，显然需要科学家的实验。而这和冥想在 20 世纪西方现代社会的流行及后来的科学研究有很大的关系。

千百年来，冥想一直被看作是佛教的修行手段。到了 20 世纪，随着社会经济的快速发展，人们也面临着快节奏生活带来的心理压力。于是，20 世纪中叶，起源于东方佛教文化的冥想开始传到西方，逐渐成为现代人减轻压力、缓解情绪的一味良方。在冥想被传到西方世界的过程中，有一位比较重要的人物——马赫里希·马赫什·优济（Maharishi Mahesh Yogi）。马赫里希生于 1918 年，1942 年在印度的阿拉哈巴德大学获得物理学学位。后来，他结识了一位宗教领袖，并最终与之共同从事研究工作。经过 13 年的宗教研究之后，马赫里希找到了一种人人皆可轻松学习的简单冥想形式。超觉冥想（Transcendental Meditation）就是他在喜马拉雅山上的一个山洞里与世隔绝两年之后所创造出来的。后来，马赫里希创立了一个全球性组织，向那些承受越来越多压力且希望摆脱压力的人群传授超觉冥想。由于超觉冥想练习起来十分简单，同时进行了成功的市场开拓，因此很快得到了西方各国大众的普遍接受。20 世纪 70 年代初，光在美国每个月就有高达 10 000 人加入练习超觉冥想的行列中。

20世纪60年代到70年代初，随着在美国的流行，冥想也引起了美国科学界的关注。美国加利福尼亚大学医学院生理学博士罗伯特·华莱士（Robert K. Wallace）对超觉冥想进行了大量科学研究。他用现代生理学的科研方法，研究了练习者在练习超觉冥想的过程中产生的生理和脑电图的变化。罗伯特·华莱士博士关于超觉冥想研究的论文发表后，立即引起美国科学界对冥想的关注，以此为起点，美国冥想科学化的研究逐步展开。美国科学界掀起了一股研究冥想的高潮，研究涉及生理学、生物化学、心理学及社会学等诸多领域。在心理学领域，学者们主要研究冥想对人们学习能力、智力、人格、消除压力以及临床治疗等带来的影响。研究表明，冥想能够通过外部的活动形式来改变人的意识，让人的心智状态得到提升，从而减少外部刺激对精神的影响，让身心处于宁静、平和的状态。

冥想实验和正念实验

　　那么，冥想对自控力是否有影响？是否可以提高自控力？

　　2007年，大连理工大学神经信息学研究所所长唐一源教授和美国俄勒冈州立大学的两位教授在全球科学类顶级期刊《美国科学院院报》（*Proceedings of the National Academy of Sciences*）上发表了一篇文章，提出短期冥想训练就可以提高自控力。这两位教授是美国著名心理学家玛丽·罗斯巴特（Mary K. Rothbart）和美国著名认知神经科学家麦克·波斯纳（Michael I. Posner）（也是美国国家科学院院士）。

为了验证这个理论假设，他们做了一个有趣的实验。被试是 80 名健康的中国大学生，男生 44 人，女生 36 人，平均年龄 21 岁。他们被随机分到两个组：实验组（IBMT 冥想训练组）和对照组，每组各 40 人。

冥想实验操纵的自变量显然就是冥想。实验组的被试连续参加了 IBMT 冥想训练（Integrated Body and Mind Training，即身心整合训练法，简称 IBMT），由专业的 IBMT 冥想教练每天训练 20 分钟，一共训练五天。在实验开始前 1 天，IBMT 冥想教练将被试召集起来，进行 IBMT 冥想的辅导和问答，以确保他们对 IBMT 冥想有清晰的掌握。教练还为集体训练设定了确切的时间、训练室和规则，以确保在训练过程中被试能在音乐背景下进行 IBMT 冥想训练。IBMT 冥想训练包括身体放松、呼吸调节、精神想象和正念训练（思考一些美好积极的事情），在训练时伴随着冥想有一些舒缓的背景音乐。与之相反，对照组的被试没有进行 IBMT 冥想训练。他们只做了身体放松，每天 20 分钟，一共 5 天，内容是放松每个身体部位。研究人员通过闭路监控系统观察每个被试的行为。

冥想实验的因变量包括被试通过计算机进行的标准化测试ANT（注意力网络测试）、焦虑程度、抑郁程度、愤怒情绪、疲劳程度以及情绪综合量表等。在通过计算机进行的标准化测试ANT中，被试需要完成一个3分钟的心算任务。被试被要求从一个四位数中连续减去47，并需要尽可能快和准确地进行口头回答。如果被试没有及时正确地完成心算，计算机就会发出警示音，要求他们重新开始任务并重新做一遍。实验结果发现，参与IBMT冥想训练的实验组在心算速度和注意力上明显高于对照组。

同时，与对照组的被试相比，实验组的被试在注意力方面有了较大的改善，在焦虑、抑郁、愤怒和疲倦程度方面都显著降低，综合情绪状态增强。实验组对压力的关注和控制明显更好，明显优于对照组，也就是说，更能提高自控力。

这些研究结果为研究冥想与自控力的关系打开了一道新的大门。之前，人们普遍相信长期的冥想可以提高自控力，但没想到的是，这个研究发现：短短5天的IBMT冥想练习就可以改善注意力、认知、情绪和对压力的反应，提高人们的自控力。

冥想有许多种方式，包括正念冥想、呼吸冥想、身体扫描冥想、内观冥想、爱与慈悲冥想等至少上百种方式。其中，近年来最流行的冥想方式之一，同时也是科学家研究最多的冥想方式之一，是正念冥想。

很多人对冥想（Meditation）和正念（Mindfulness）容易混淆。简单来说，正念是许多种冥想方式中的一种。所谓正念冥想（Mindfulness Meditation），是指冥想者尝试着以一种积极的、可接受的方式将他们的全部注意力带到当下，用心感受当下的身体和思想，心里想着美好的事情，并充分意识到当下的这种体验，例如呼吸带给身体各部位的感受。正念减压（MBSR）训练课程的创始人和美国麻省大学医学院医学、保健和社会正念中心的创立执行主任乔·卡巴金（Jon Kabat-Zinn）博士，对正念下的定义为：时时刻刻非评价的觉察，需要刻意练习。

正念的学习是需要练习的，通常会从对自己身体的感知开始。例如，感觉呼吸时胸部或腹部的一起一伏，感觉喝水时口腔里的滋润等。换句话说，正念就是训练自己能轻松觉察到时时刻刻身体的真实状态，并且能以合宜的方式面对和调适。

那么，正念冥想对提高自控力有效吗？

2012 年，瑞士巴塞尔大学（University of Basel）心理学系教授马尔泰·弗雷斯（Malte Friese）及其研究团队在《意识与认知》（Consciousness and Cognition）期刊上发表了一篇论文，提出正念冥想可以恢复人们在自我控制中所消耗的能量，从而提高人们的自控力。

还记得第三章的"萝卜实验"吗？自控力研究大师罗伊·鲍迈斯特教授的"自我损耗"理论认为，人们只有有限的自控力，使用之后自控力就会下降。如果如马尔泰·弗雷斯教授及其团队所假设的，正念冥想能够恢复人们在自我控制中所消耗的能量，或者说能够减少人们在自我控制中所消耗的能量，那真的就可以提高自控力！

为了验证这个假设，马尔泰·弗雷斯教授及其团队做了一个正念冥想实验。实验共有 66 名来自瑞士和德国的被试，包括 16 名女性，50 名男性，平均年龄为 43 岁。所有被试都参加了为期 3 天的冥想研讨会。在研讨会中，一位经验丰富的冥想教练指导被试学会进行正念冥想练习，所有被试也都学习了基本的正念冥想技巧，如放松、关注、感受当下，通过各种心理技巧让身心放松和减轻压力等。之后，被试开始独立练习正念冥想，将注意力集中在他们通常不注意的感觉和知觉上。例如，他们学会了关注自己的胸部随着呼吸节奏而起伏的感觉，并在注意力转向其他事物时将注意力重新引导到这些感觉和动作上。

在这个为期 3 天的冥想研讨会的第 2 天结束后，研究人员询问被试是否愿意参加一个实验。然后被试被随机分到三个不同的组：情绪压抑组、情绪不压抑组、情绪压抑加正念冥想组。所有被试都要观看 5 个总时长为 6.5 分钟的视频，这些视频的目的是引发被试的恶心情绪。例如，其中一个视频是挤掉一个人背上粉刺的近距离镜头。在情绪不压抑组，被试被告知他们只需自然观看这些视频即可，如果有任何情绪都可以自由表达出来。在情绪压抑组以及情绪压抑加正念冥想组，被试则被告知他们观看视频时需要压抑所有情绪，脸上不能有任何情绪表露。聪明的你看出来了吗？情绪压抑的目的实际上是让被试的自控力资源被损耗。

观看视频之后，情绪不压抑组和情绪压抑组的被试都被要求做6个连点画线成图任务（总时长5分钟），即将纸上的点连接起来并画线，以形成一幅图。这些图包括飞机、大象等。这个任务既不无聊，也不需要消耗自控力资源。与之相比，情绪压抑加正念冥想组的被试被要求用他们在冥想研讨会上学到的方法进行5分钟的正念冥想。

最后，所有被试都被要求完成一项d2认知任务。在该任务中，被试会看到许多字母d和字母p，每张纸上有14行字母，每行有47个字母。字母d之间和字母p之间都会有1到4个省略号。被试被要求以尽可能快的速度，尽可能多地划去后面带2个省略号的字母d，但不能多划或者错划。聪明的你可能已经看出来了，这个任务有一定的难度，要求被试注意力高度集中并付出努力，这是对因变量被试自控力的测量。

现在让我们来看看实验结果。研究人员计算出每个小组被试在认知任务上的平均分数（分数越高，表现越好）。情绪不压抑组的平均分数为462.44分，显著高于情绪压抑组的415.92分。这个结果与自控力研究大师罗伊·鲍迈斯特教授的"自我损耗"理论一致，说明情绪压抑会消耗自控力资源，从而导致被试在后续的自控力任务中表现不佳。

我们最关心的结果是情绪压抑加正念冥想组的被试在认知任务上的表现如何。结果显示，情绪压抑加正念冥想组被试参加认知任务的平均分数为 455.42 分，显著高于情绪压抑组的 415.92 分，而与情绪不压抑组的 462.44 分没有显著差异。这说明，尽管情绪压抑加正念冥想组被试也经历了情绪压抑，但是他们通过正念冥想恢复了自控力资源，从而能在最后的认知任务中表现较好。而没有做正念冥想的情绪压抑组的被试则由于自控力资源的消耗，导致在最后的认知任务中表现不佳。

由此可见，正念冥想对自控力资源的恢复有积极的作用，可以提高自控力。这是因为，正念冥想的核心就是提高人们的注意力，同时也会带人们进入一种深度的放松状态，这有助于提高此后的自控力。

冥想策略：帮助孩子集中注意力

在中小学生的学习过程中，能否集中注意力体现着孩子的自控力。冥想对注意力的提升效果引起了教育领域的关注，于是许多教育者将冥想作为一种特殊的教育方式进行研究。

在美国加州，皮德蒙特小学校长安吉拉·海科时常为校园管理感到痛苦。一下课，许多学生就在走廊里、操场上奔跑、打闹，但是在课堂上，许多同学却会不由自主地走神，无法集中注意力，有的甚至违反课堂纪律，例如玩前排同学的头发、给别的同学衣服上粘贴纸等。

如何让学生更好地控制自己、集中注意力呢？安吉拉·海科校长决定将冥想引入皮德蒙特小学的校园。于是，孩子们进行了长达 5 周的"专注冥想"练习计划，学校利用课间 20 分钟休息时间开展冥想教育，安静的冥想就此代替了课间的吵闹。

在为期 5 周的"专注冥想"练习结束后，安吉拉·海科校长惊喜地发现，校园中的吵闹事件减少了，学生们上课时也更加专注了。安吉拉·海科校长评价道，冥想使学生学会了平心静气地交谈，更好地控制自己。

因此，对于在学习中经常无法集中注意力的孩子来说，家长们不妨让孩子进行冥想练习，以帮助孩子提高注意力和自控力。

此外，冥想还能对其他人群发挥积极作用。例如，实验证明，工作压力大的白领练习冥想后，与未练习冥想的对照组相比，确实可以舒缓疲劳和放松精神压力。又如，研究发现，冥想可以显著降低老年人的认知损伤：对比注意力水平，长期冥想的老人比不冥想的老人有更好的事物感知和认知能力。再如，研究人员发现，在监狱里、灾难后、心理危机干预中，冥想也都能让人更好地控制自己的行为。

冥想的方法有许多种。这里分享一种最简单的专心呼吸法。

第一步：原地不动，安静坐好。

坐在椅子上或其他平坦舒适的地方，双脚平放在地上或盘腿而坐。背挺直，双手放在膝盖上。冥想时一定不能烦躁，简单的静坐对于冥想训练至关重要。

第二步：注意你的呼吸。

闭上眼睛，注意你的呼吸。吸气时默念"吸"，呼气时默念"呼"。当发现自己走神时，重新将注意力集中到呼吸上。这种反复的注意力训练，能让大脑的前额皮质开启高速运转模式，让大脑中处理压力和冲动的区域更加稳定。

第三步：感受呼吸，弄清自己是怎么走神的。

几分钟后，你就不再默念"呼""吸"了，试着专注于呼吸本身。你会注意到空气从鼻子和嘴巴进入和呼出的感觉，感受到吸气时胸腹部的扩张和呼气时胸腹部的收缩。不再默念"呼""吸"后，可能更容易走神。当发现自己在想别的事情时，重新将注意力集中到呼吸上。如果你觉得很难重新集中注意力，就多默念几遍"呼""吸"。

每次冥想的时间并不需要很长，5分钟、10分钟或15分钟都可以。可以在每天的一个固定时间段去做冥想训练，这样更容易养成习惯。例如，很多人喜欢在睡醒后的清晨进行冥想，因为这时候外界干扰最少，最容易进行冥想。希望提高自控力的你不妨试一试在每天起床之后就进行冥想，而不要去打开手机查看信息或刷短视频。

富兰克林·罗斯福：身残志坚的美国总统

美国第 32 任总统富兰克林·罗斯福（Franklin D. Roosevelt），一直被视为美国历史上最伟大的总统之一，也是 20 世纪最受美国民众喜欢和爱戴的总统。由于其在二战期间的伟大成就（团结反法西斯同盟国打败日本、德国、意大利三个法西斯轴心国），富兰克林·罗斯福与乔治·华盛顿（George Washington，美国开国总统）和亚伯拉罕·林肯（Abraham Lincoln，美国南北战争时期的总统，维护了美国的统一）并列，成为美国人公认的历史上最伟大的三位总统。

不过，很多人不知道的是，尽管富兰克林·罗斯福这么伟大，但他却是一个残疾人。39 岁那年，富兰克林·罗斯福不幸患上了脊髓灰质炎（由于多发于儿童，又俗称"小儿麻痹症"），从此他只能在轮椅上工作和生活。坐在轮椅上能够成功赢得竞选成为美国总统，富兰克林·罗斯福不但是一个身残志坚的人，也是一个拥有超强自控力的人。

那么，坐在轮椅上的他是如何克服困难一步一步攀上政治顶峰的呢？

1882 年，富兰克林·罗斯福出生于美国纽约的海德公园，父亲詹姆斯·罗斯福（James Roosevelt）是美国商业大亨。富兰克林·罗斯福出生时，父亲已经 54 岁了，可谓"老来得子"，所以他从小就备受宠爱。他的远房堂叔西奥多·罗斯福（Theodore Roosevelt）后来成为第 26 任美国总统。可以说，富兰克林·罗斯福家族是美国的名门望族。

富兰克林·罗斯福从小就受到良好的教育，学识渊博，知书达礼。1900 年，18 岁的富兰克林·罗斯福进入哈佛大学，攻读政治学、历史学和新闻学。这一年，他 72 岁的父亲詹姆斯·罗斯福去世，富兰克林·罗斯福开始担起家庭的责任，并在各方面崭露头角。在哈佛大学就读期间，他的堂叔西奥多·罗斯福成为美国总统，他也凭借家族的影响力大放异彩，成为哈佛校报主编，也让更多的人认识了他。

1904 年，富兰克林·罗斯福进入哥伦比亚大学法学院学习，毕业之后进入律师事务所成为一名律师。律师的工作经历为他以后的大选之路奠定了根基。1905 年，富兰克林·罗斯福和堂叔西奥多·罗斯福的侄女安娜艾莉诺结婚，由身为总统的西奥多·罗斯福亲自主持，婚礼场面壮大。但富兰克林·罗斯福深知这些人都是看在总统堂叔的面子上才来参加自己的婚礼，这更加坚定了他攀登顶峰的决心。

1910 年，富兰克林·罗斯福迎来自己的机会。当时民主党人找上富兰克林·罗斯福，希望他代表民主党参加竞选，他随即正式以民主党员的身份进入政界。当他把这个决定告诉身为共和党人的总统堂叔时，西奥多·罗斯福非常生气，怒骂富兰克林·罗斯福："你这个卑鄙的小兔崽子！你这个叛徒……"但是富兰克林·罗斯福没有气馁，他坚持代表民主党参加竞选，每天乘着一辆红色的汽车去各地进行了 10 多次演说，最终成功当选了纽约州参议员，并在第一次世界大战期间成为美国海军助理部长。1918 年，富兰克林·罗斯福曾亲赴欧洲战场考察，亲眼看见战争给各国人民造成了巨大的生命和财产损失，这也给他留下了终生难忘的印象。

　　至此，富兰克林·罗斯福的人生之路一直都是坦途。但是，自古英雄多磨难。在 1920 年的美国总统选举中，作为民主党副总统候选人的富兰克林·罗斯福被共和党候选人约翰·柯立芝（John C. Coolidge）击败，遭遇了政治生涯的第一个大挫折。竞选副总统失败后，富兰克林·罗斯福回到纽约重操律师旧业，决定暂时隐忍，积蓄力量，准备东山再起。

　　没有想到的是，无情的灾难降临了。1921 年 6 月，富兰克林·罗斯福带全家到加拿大的坎波贝洛岛度假，可岛上发生了森林大火。富兰克林·罗斯福积极参加了救火行动。大火扑灭后，汗流浃背的他立刻跳入冰冷的海里游泳。结果，上岸后不久，富兰克林·罗斯福便连续发高烧，最后不幸患上了脊髓灰质炎，也就是民间俗称的"小儿麻痹症"。

一场严峻的考验摆在 39 岁的富兰克林·罗斯福面前，它甚至比生死考验更残酷，也更难以忍受。刚开始，他还竭力让自己相信病情能够好转，但实际情况却不容乐观。他的两条腿完全不顶用了，瘫痪的症状向上身蔓延；他脖子僵直，双臂也失去了知觉；膀胱也逐渐失去控制，每天导尿数次，痛苦异常。最后，他全身都疼痛难忍，万分难受。

但最让人受不了的还是精神上的折磨。富兰克林·罗斯福从众星捧月到跌落谷底，从一个有着光辉前程、无限可能的政坛名人，一下子成了一个卧床不起、生活需要别人照料的残疾人，这是多么痛苦的一件事！在得病的初期，富兰克林·罗斯福几乎绝望了，以为"上帝把他抛弃了"。

一般人遇到这种人生大难，估计大多会一蹶不振，但富兰克林·罗斯福在短暂的消沉后恢复了过来，他没有放弃自己竞选总统的理想。富兰克林·罗斯福对自己说："我就不相信这种小孩子生的病能够压垮一个堂堂正正的男子汉，我要战胜它！"于是，他决定不服从命运的安排，开始努力地思考问题，回想自己走过的路，哪些是对的，哪些是错的；回想自己接触过的政治家们，谁是值得学习的导师，谁是卑鄙的政治骗子。他也想到了人民，想到了饱受战争创伤的欧洲人民，想到了那些饥寒交迫、朝不保夕的社会底层的人们。到底今后应当怎样生活、怎样做人，他在思索、在探求。他不停地看书，系统地阅读了大量有关美国历史、政治的书籍，还阅读了许多世界名人传记以及大量的医学书籍。为了治疗疾病，几乎每一本有关小儿麻痹症的书他都看了，并和大夫们进行了详细地讨论。

苦难重新塑造了富兰克林·罗斯福！尽管身体仍然每天饱受折磨，但精神上乐观的态度使他又像从前那样生气勃勃了。他虽然仍卧床不起，但他相信这场病过去之后，定能让他更加胜任所要担当的角色，并重新返回政治舞台。

在医生的指导下，富兰克林·罗斯福开始了艰苦的锻炼。不久，手臂和背部的肌肉逐渐强壮起来，最后终于能慢慢坐起来了！为了能够重新走路，他每天不间断地锻炼，拄着拐杖在公路上蹒跚行走，争取每天都比前一天多走几步。他还让人在床上方的天花板上安装了两个吊环，坚持锻炼身体。

1922年2月，医生第一次给富兰克林·罗斯福安上了用皮革和钢制成的架子，每个架子重7磅，从臀部一直到脚腕，并在膝部固定住。借助这个架子和拐棍，罗斯福不仅可以凭身体和手臂的运动来"走路"，而且还能站立起来讲话了。当然一开始并不容易，他经常摔倒，夹着拐棍的两臂也累得疼，时常肿胀着，尽管如此，他仍然以顽强的毅力和乐观的态度坚持。

经过艰苦的锻炼，富兰克林·罗斯福的体力增强了。1922年秋天，他重新开始工作。一开始，他每周工作2天，后来慢慢增加到3天，最后增加到了4天。他的日程排得很满，除了工作，每天还要坚持锻炼。由于重新回到了社会，富兰克林·罗斯福的名字在社会上又响亮起来。

1928 年，在妻子的理解与支持下，富兰克林·罗斯福重返政界，参加纽约州长竞选。政敌们用他身体的残疾来攻击他，但是富兰克林·罗斯福却将自己的残疾变成了优势。首次参加竞选，富兰克林·罗斯福就在演讲中告诉人们："一个州长不一定是一个杂技演员。我们选他并不是因为他能做前滚翻或后滚翻。他干的是脑力劳动，是想方设法为人民造福。"正是因为他这句漂亮的回击，让很多人看到他的坚韧，终于让他如愿被选举为纽约州长，并于 1929 年正式出任。

1932 年 11 月，富兰克林·罗斯福作为民主党总统候选人参加美国总统竞选。政敌们依旧用他身体的残疾来攻击他，嘲笑他作为一个残疾人如何能管好美国。然而，依靠自己的坚韧和乐观，以及针对大萧条时期精准的经济复苏政策，富兰克林·罗斯福成功击败了政敌赫伯特·克拉克·胡佛（Herbert Clark Hoover)，成了美国第 32 任总统。

上任美国总统之后，富兰克林·罗斯福推出了著名的"罗斯福新政"，只用了几年时间就解决了困扰美国的金融危机，让美国经济和社会重新进入了发展的快车道。后来，二战爆发，富兰克林·罗斯福宣布美国参战，并团结反法西斯同盟国打败日本、德国、意大利三个法西斯轴心国。由于二战的原因，富兰克林·罗斯福也是美国历史上唯一连任 4 届总统的人，从 1933 年 3 月起，到 1945 年 4 月去世时止，任期长达 12 年，创下历史纪录。

1945 年 4 月，富兰克林·罗斯福因病去世。尽管身体残疾，但他却用强大的自控力改变了自己，也改变了美国，影响了世界。

本章小结

什么样的生活习惯能提高自控力？

※ 锻炼实验：提高自控力的日常方法。

※ 你冥想过吗？这不只是修行方法，更是提高自控力的捷径。

※ 如何让孩子集中注意力和提高抗干扰能力？答案是：定期锻炼。

※ 身残志坚的总统——坐在轮椅上的罗斯福如何成为总统？

后 记

适度自控和享乐，平衡美好人生

我写这本书的目的是帮助更多人提高自控力，从而帮助他们在事业上、学业上或生活中更加成功、更加幸福。然而，要说明的是，我绝对不提倡过度的自我控制。相反，我提倡在提高自控力的同时也要适当享乐，从而拥有平衡而美好的人生。

不可否认的是，大多数人的自控力都不足，因此我们看到：许多孩子学习成绩不好，许多人因不健康的饮食习惯而超重甚至肥胖，许多人因无法控制酒瘾而酒后驾车或者犯下其他错误，以及许多人因无法控制烟瘾而患上肺癌，等等。这也是我写这本书的主要原因。我希望，通过本书十个章节，你能了解到自控力背后的科学原理，学习到提高自控力的策略，并积极地去实践和练习，从而做到知行合一。

然而，也有少数的人，由于自控力太高，过于努力工作（有一些不好听的词，如"事业狂"或"工作狂"，都是形容过于努力工作的人），而忽略了生活中的其他方面。事实上，过于努力工作可能会严重影响身心健康，从而给自己和家庭造成危害，也给国家和社会带来巨大损失。

举个例子，著名企业家史蒂夫·乔布斯（Steve Jobs）由于长期的高强度工作，导致他的健康问题很早就出现了。根据乔布斯自己的推测，他之所以得癌症，可能与他 1997 年过度辛苦的工作有关。那一年，乔布斯同时管理着皮克斯和苹果两家公司，由于两头奔忙，他患了肾结石和其他疾病，每天到家后虚脱得说不出话来。2003 年 10 月，乔布斯被确诊得了癌症。2004 年 7 月，乔布斯接受了手术，切除了部分胰脏。2009 年，乔布斯进行了肝移植，半年后就回归了苹果公司，重新投入到辛苦的工作中。2011 年 10 月 5 日，乔布斯最终因癌症去世，年仅 56 岁，令很多人为之惋惜和哀悼！可以说，乔布斯的英年早逝，部分和他过度努力工作有关。而这，给他自己的健康、给他的家人都带来了巨大的痛苦和伤害。乔布斯的过早离世，也是全世界的巨大损失。

类似地，中国也有很多优秀人士因为过度努力工作而英年早逝。例如，2004 年 11 月 7 日，著名企业家王均瑶因劳累过度患肠癌而英年早逝，年仅 38 岁。又如，2021 年 5 月 20 日，著名企业家左晖（链家创始人、贝壳创始人）因工作过度劳累而导致肺癌意外恶化去世，年仅 50 岁。类似的例子不胜枚举。由于企业家们工作压力非常大，大多数企业家都容易过度劳累，因此要牢记不能过度工作，而必须平衡工作和生活。

就在我写这本书的时候，2023 年 12 月 15 日，中国人工智能领域的领军人物、商汤科技创始人汤晓鸥因病离世，年仅 55 岁。汤晓鸥 1968 年出生于辽宁鞍山，1990 年获得中国科技大学学士学位，1996 年获得麻省理工学院博士学位，之后进入香港中文大学任教。2009 年，汤晓鸥被电气和电子工程师学会（IEEE）推选为会士（Fellow）。2014 年 6 月，汤晓鸥和团队自主研发的 DeepID 人脸识别算法准确率达到 98.52%，超过脸书（Facebook）同期发表的 DeepFace 算法，这也是全球首次超过人眼识别准确率。2014 年 8 月，汤晓鸥获得 IDG 资本数千万美元 A 轮融资，并在 10 月正式创立商汤科技。2016 年，汤晓鸥领军的中国人工智能团队入选世界十大人工智能先锋实验室，成为亚洲地区唯一入选的实验室。可以说，汤晓鸥的过早离世，不仅给他的家人带来了巨大的伤痛，也是中国人工智能行业的巨大损失。

因此，虽然热爱工作是一件好事，但是，请一定记住，不要过度工作，以免过度劳累而影响健康。同样，过度工作还会影响家人的幸福。毕竟，家人需要你的陪伴，而不仅仅需要你的金钱。

事实上，我的博士毕业论文就研究了少数人的过度自控倾向，并提出了人们放松自我控制的一些情境因素，包括努力、优秀、不花钱等。还记得 WHPH 自控力策略吗？努力工作，尽情享受——这是我个人最喜欢的自控力策略。所以，当你平时努力工作的时候，一定也要给自己放松的时间，带家人一起去度假等，这不仅可以放松身体和大脑，同时也是全家其乐融融的一件事。

除了过度工作，过度自控还可能表现为过度节俭，舍不得把钱花在一些享乐品上。许多老年人都容易过度节俭，我的父母那辈人就有许多这样的例子。或许是由于小时候的穷困，他们非常珍惜每一分钱，舍不得花钱买更贵更好的东西，舍不得花钱在任何非必需品或享乐品上。例如，度假就不是一种必需品，而是一种享乐品，因此很多老人舍不得花钱度假。然而，度假却对家庭有益，可以给家人带来幸福快乐的回忆。因此，适当花钱在度假等享乐品上，可以让人生更幸福美满。

古诗云："谁知盘中餐，粒粒皆辛苦。"许多老人也非常珍惜每一粒粮食。珍惜粮食是我们应该提倡的，然而，许多老人由于过于节俭而舍不得倒掉剩下的饭菜，经常在第二天甚至更长时间里吃冰箱里的剩饭剩菜，这是非常不健康的，因为剩饭剩菜里的细菌数量会增加，长期吃剩饭剩菜会诱发消化系统疾病，包括胃癌、肠癌等。因此，过分节俭有可能会危害健康。

所以，请记住，我们每个人在提高自控力的同时，也要适当享乐。

所以，就在我写到这里的时候，我决定奖励自己喝一瓶科罗娜啤酒，而不是一瓶"零糖、零脂、零卡"的元气森林气泡水。毕竟，写一本十万字的书非常辛苦，当然，也是一种成就。所以，我决定暂时放松自己的自我控制，让自己享乐一下。

让我们一起努力自控，适度享乐，拥有平衡而美好的人生吧！

郑毓煌

2024 年 4 月

参 考 文 献

［1］艾扬格. 选择：为什么我选的不是我要的？［M］. 林雅婷，
     译. 北京：中信出版集团，2019.

［2］鲍迈斯特，蒂尔尼. 意志力：关于自控、专注和效率的心理学
     ［M］. 丁丹，译. 北京：中信出版集团，2017.

［3］陈瑞，陈辉辉，郑毓煌. 怀旧对享乐品和实用品消费决策的影响
     ［J］. 南开管理评论，2017，20（6）：140–149.

［4］董春艳，郑毓煌. 消费者自我控制：文献评述与研究展望［J］.
     经济管理，2010，32（11）：170–177.

［5］董春艳，郑毓煌，夏春玉. 陌生人存在对消费者自我控制的影响
     ［J］. 营销科学学报，2011，7（2）：32–44.

［6］董春艳，郑毓煌，夏春玉，等. 他人自我控制行为对观察者自我
     控制决策的影响［J］. 营销科学学报，2010，6（2）：1–13.

［7］范筱萌，郑毓煌，陈辉辉，等. 混乱的物理环境对消费者自我控
     制的影响［J］. 营销科学学报，2012，8（4）：71–78.

［8］卡尼曼. 思考，快与慢［M］. 胡晓姣，李爱民，何梦莹，译. 北
     京：中信出版社，2012.

［9］米歇尔. 延迟满足［M］. 姚辉，译. 北京：中信出版集团，2023.

［10］童璐琼，郑毓煌，赵平. 借我一双时间的慧眼：时间概念对消
      费者有益品和有害品选择的影响［J］. 营销科学学报，2011，7
      （3）：42–50.

［11］童璐琼，郑毓煌，赵平. 努力程度对消费者购买意愿的影响
      ［J］. 心理学报，2011，43（10）：1211–1218.

［12］赵小华，郑毓煌. 自我控制就一定幸福吗？——自我控制对幸
      福感的影响研究［J］. 营销科学学报，2017，13（1）：22–40.

［13］郑毓煌. 理由启发式：消费者购买或选择享乐品的一个简单而

有效的决策过程［J］．营销科学学报，2007，3（4）：63-71.

［14］郑毓煌，董春艳．决策中断对消费者自我控制的影响［J］．营销科学学报，2011，7（1）：1-14.

［15］郑毓煌，苏丹．理性的非理性：生活中的怪诞行为学［M］．北京：中国友谊出版公司，2022.

［16］周圆圆，陈瑞，郑毓煌．重口味食物会使人变胖？——咸味对食物热量感知的影响［J］．心理学报，2017，49（4）：513-525.

［17］BAUMEISTER R F, BRATSLAVSKY E, MURAVEN M, et al. Ego depletion: is the active self a limited resource?[J]. Journal of Personality and Social Psychology, 1998, 74 (5): 1252-1265.

［18］CHEEMA A, SOMAN D. The effect of partitions on controlling consumption[J]. Journal of Marketing Research, 2008, 45(6): 665-675.

［19］DHAR R, WERTENBROCH K. Consumer choice between hedonic and utilitarian goods[J]. Journal of Marketing Research, 2000, 37(1): 60-71.

［20］FRIESE M, MESSNER C, SCHAFFNER Y. Mindfulness meditation counteracts self-control depletion[J]. Consciousness and Cognition, 2012, 21(2): 1016-1022.

［21］FUJITA K, TROPE Y, LIBERMAN N, et al. Construal Levels and self-control[J]. Journal of Personality and Social Psychology, 2006, 90(3): 351-367.

［22］GAILLIOT M T, BAUMEISTER R F, DEWALL C N, et al. Self-control relies on glucose as a limited energy source: willpower is more than a metaphor[J]. Journal of Personality and Social Psychology, 2007, 92(2): 325-336.

［23］HOCH S J, LOEWENSTEIN G F. Time-inconsistent preferences and consumer self-control[J]. Journal of Consumer Research, 1991,

17(4): 492–507.

［24］KHAN U, DHAR R. Where there is a way, is there a will? the effect of future choices on self-control[J]. Journal of Experimental Psychology: General, 2007, 136(2): 277–288.

［25］KIVETZ R, ZHENG Y. Determinants of justification and self-control[J]. Journal of Experimental Psychology: General, 2006, 135(4): 572–587.

［26］MCCLURE S M, LAIBSON D I, LOEWENSTEIN G, et al. Separate neural systems value immediate and delayed monetary rewards[J]. Science, 2004, 306: 503–507.

［27］OATEN M, CHENG K. Longitudinal gains in self-regulation from regular physical exercises[J]. British Journal of Health Psychology, 2006, 11 (4): 717–733.

［28］SELA A, BERGER J A, LIU W. Variety, vice, and virtue: how assortment size influences option choice[J]. Journal of Consumer Research, 2009, 35(6): 941–951.

［29］TANG Y Y, MA Y, WANG J, et al. Short-term meditation training improves attention and self-regulation[J]. Proceedings of the National Academy of Sciences, 2007, 104(43): 17152–17156.

［30］TONG L, ZHENG Y, ZHAO P. Is money really the root of all evil? the impact of priming money on consumer choice[J]. Marketing Letters, 2013, 24(2): 119–129.

［31］WAGNER D D, ALTMAN M, BOSWELL R G, et al. Self-regulatory depletion enhances neural responses to rewards and impairs top-down control[J]. Psychological Science, 2013, 24 (11): 2262–2271.

［32］WEBER E U, BLAIS A R, BETZ N E. A domain-specific risk-attitude scale: measuring risk perceptions and risk behaviors[J]. Journal of Behavioral Decision Making, 2002, 15(4): 263–290.

联合倡导者

　　《解码自控力》一书能够顺利出版，要特别感谢以下每一位联合倡导者的支持。首批联合倡导者名单如下（按加入时间顺序排名）：

1　王小明，21年急诊医学科医生

2　倪黎明，鑫博海生物医疗科技有限公司董事长

3　向军，中国石油大学校友

4　林庆阳，河南京城皮肤中医院院长

5　范桂文，库迈拉（中国）有限公司总经理

6　湘女，健康 | 美丽 | 快乐管家

7　童建文，广州市金牧食品有限公司创始人

8　林琳琳，百家姓酒CEO

9　李国婧，内蒙古农业大学教授

10　朱冬林，航业同道（HyTd）管理咨询合伙人

11　俞剑梅，愈见美好读书会创始人

12　张炳光，京彩未来智能科技股份有限公司创始人

13　陈燕玲，厦门市无疆跑者体育服务有限公司

14　李学峰

15　李治宇，百家姓酒联合创始人

16　王淦，四川省建筑设计研究院有限公司正高级工程师

17　赵丽丽，Partner Co.首席CEO

18　徐忠辉，华住集团高级合伙人

19　傅汉辉，仙游恩典教育

20　李永春，中国太平养老规划师、家办专员

21　修占欣，老爸馨蒸饺创始人

22　余新明

23　张定辉，高盛达装饰集团董事长（专注高端装饰设计施工25年）

24　刘德明，上海专创轻合金有限公司总经理

25　何明富，四川信连电子科技（特米勒）董事长

26　陈锐锋，SEAPOWER TRADING PTE. LTD.创始人

27　蒋纯华

28　张博皓，深圳高新邦科技有限公司董事长

29　李臣，青岛易邦生物工程有限公司营销经理

30　陈志红，北京大学学生

31　孙雨，南阳江山创始人

32　李海燕，未来大健康推广人

33　柯芙容

34　黄小芳，厦工股份财务总监

35　秦媛，炎黄国芯合伙人

36　林扬洁，北京外国语大学校友

37　邓杰，天津宇捷汇抗衰老科技有限公司总经理

38　马明芝，爱上诗意（杭州）科技有限公司创始人

39　沈文文，北京婚姻继承律师

40　龙兴虎，云广技术（深圳）有限公司总经理

41　曹效鑫，绿水青山天天向上

42　于树忠，康达中医减肥体系创始人

43　蔡启民，贵州茅台镇郑氏酒业CFO

44　汪蓉，国家二级心理咨询师

45　吴先胜，中国平安浙江分公司高级行销经理

46　张馨文，烟台青华中学

47　熊金华，熊雄故里 幸福三村 宜丰审计人

48　齐彬博士，资深学业职业规划专家

49　胡会军

50　美杨阳，19年英语老师（擅长培养学霸）

51　张红霞，安徽建筑大学校友

52　王藜霏（王卉蕾），快速装满创始人

53　韩静伟

54　梁锦韶，凤铝铝业经销商

55　朱俏琦

56　朱振，中华文化的信仰者、践行者、传播者

57　邱子書，智砾企业咨询创始人

58　黄强，城市轮滑创始人

59　李爱社，中国石油大学校友

60　沙宗志，上海尚善精密机械有限公司总经理

61　漆广泽，南京市第二十九中学

62　李彬，南阳利宾信息咨询服务有限公司创始人

63　王衡，祥源文旅（600576.SH）董事长

64　冯金益，Deckers Brands|中国事业部营运总监

65　林丽萍，福州优萌教育创始人

66　郝育，房产投资人、深圳市前海恒达交通科技有限公司董事长

67　方飞艳，香港博雅教育家族办公室

68　李连娟，资深保险规划师

69　杨利平，投资人

70　高旭亮，恒典信息科技（苏州）有限公司总经理

71　林慧芳，投资人

72　马庆斌，腾马面试研究院联合创始人

73 鲍明立，北京中坤教育咨询有限公司

74 洪志成，福建省有零有食科技有限公司大客户销售

75 李鳳玲，香港大班廊洋服有限公司董事長

76 柳冠维，今为投资创始合伙人

77 马小越，澳大利亚昆士兰大学学生

78 镜湖，柠檬时装ZETdesZET品牌联合创始人

79 姬存妍，中国平安弘吉家办创始人

80 佘黎，高级家庭教育指导师

81 张瑜，东莞市松山湖第一小学主任

82 庞叔，庞叔极致保洁创始人

83 杨银巧，郑州光伟电器百货批发商行经理

84 骆晓霞，躬行学堂创始人

85 钟锋，诗宇学社创始人

86 万小红，精油康复理疗师

87 于亚超，浙江京点医疗

88 彭文丽，青海康宁医药连锁营运总监

89 杨杰林，双麟科技｜平台搭建者

90 吴小典，广州典昂贸易有限公司创始人

91 王国权，瑞慈体检业务总经理

92 徐治平，北京动力跃博文化发展有限公司副总经理

93 李亚辉（宝典哥），北京信立方科技发展股份有限公司工会主席

94 傅宗廉，莆田市万达贸易有限公司总经理

95 周海，山东瑞丰高分子材料股份有限公司

96 肖霖，中信建投证券高级副总裁

97 万里虹，经济学博士、金融保险学者

98 刘茚，智登（深圳）设备租赁有限公司总经理

99 邱剑，中华联合保险集团研究所

100 尤水東

101 郑淳元，海南大学生物育种本科

102 黄慧芬（Hannah Huang）

103 王楠，心外传媒公司&艺术留学创始人

104 万堃鋈，江苏美客鼎嵘智能装配制造有限公司

105 米兰，PICC中国人保

106 李量，北京光辉建业建筑科技有限公司总经理

107 龙军，感进机器人（深圳）有限公司创始人

108 王景雷，国校商学苑校长

109 郑志刚，浙江立思能源科技有限公司董事长兼总经理

110 汤守志，优奕视界CEO

111 朱志国，九州上医馆创始人/董事长

112 贾万兴，小小包麻麻创始人

113 杨建军，武汉市平阅书堂教育科技有限公司创始人

114 刘红云，乌鲁木齐市第101中学教师

115 丘峰，深圳大佛药业股份有限公司财务副总监

116 李峰，佛山国力食品联合创始人

117 张文科，西安曼丁诺商贸有限责任公司总经理

118 曾根标，中粮面业营销管理（厦门）公司总经理

119 李梅歌

120 姜伟斌，北京时代正邦科技有限公司总经理

121 贾群英，国家能源集团宁夏煤业

122 李健，上海虹口全科医生

123 杨静，中科院合肥创新院CEP中心副主任

124 陈建友，资深执业全科医师

125　王庆平，家庭职业教育规划师

126　官洪仙，新梦想足球创始人

127　齐利娜，长城山下院子民宿联合创始人

128　金果，健康∣美丽∣快乐践行者

129　邓世忠，舞粤天艺术中心校董

130　柴俊杰，大都会人寿寿险规划师

131　闫洪云，山东鲁西兽药股份有限公司

132　袁海娜，涵依萱集团董事长，专注大健康减脂18年

133　吴贵富，清远市三才文化科技有限公司总经理

134　虞周，爱克发医疗科技（上海）有限公司董事长/总经理/研发总监

135　邱榕生，福州最时光健康管理有限公司CEO/首席技术官

136　康壮苏，江苏中矿大正表面工程技术有限公司董事长

137　曾宪明，深圳市卫国影视传媒有限公司总经理

138　Jenny Xiang，Baptist Lui Ming Choi Secondary School

139　王明美，池森教育（创立于1999年）创始人

140　张文凯，池森教育（创立于1999年）创始人

141　龙治廷，池森教育（创立于1999年）艺术设计师

142　张璟，池森教育（创立于1999年）财务顾问

143　沈平德，池森教育（创立于1999年）学子

144　袁岚，池森教育（创立于1999年）学子

145　黄诗焱，池森教育（创立于1999年）学子

146　穆永凤，池森教育（创立于1999年）学子

147　穆永龙，池森教育（创立于1999年）学子

148　卢囿伍，池森教育（创立于1999年）学子

149　杨秀洁，池森教育（创立于1999年）学子

150　钟爱娟，中国平安深圳分公司经理

151　裴丽华，晶科能源物流BP

152 栗建广，山东瞳智聘教育文化传播有限公司创始人

153 王永亮，金徽酒北方（内蒙古）品牌运营有限公司总经理

154 李艳晓，中锐国际教育总裁

155 刘培玺，山东省农村信用社联合社

156 丁磊，玖信家族办公室创始人

157 王秀琴，重庆师范大学校友

158 程博，黄梅理工学校教师

159 李翠珍，安徽尚赢人力资源管理有限公司董事长

160 王培杰，厦门立洲精密科技股份有限公司

161 叶先平，北京恒信华业国际企业管理有限公司总经理

162 黄柏诚

163 郑炼展，百家姓酒全国首家旗舰店合伙人

164 董勤丽

165 张佳苹，桐乡童蒙文化传播有限公司，青少年成长陪跑教练

166 耿永亮，云顶咨询/麦纳哲传媒创始人

167 李晓豫，中国中铁高级工程师

168 杜燕茹，星悦橙福有限公司CEO

169 李云瑜，兰州大学校友

170 项钰杰（Daniel），Portola High School

171 张欢欢，觉启智翔（重庆）科技有限公司总经理

172 程熙，锐捷网络重庆分公司区域经理

173 梁志强，重庆舟济律师事务所合伙人

欢迎更多读者加入《解码自控力》联合倡导者！扫描右边二维码，关注微信公众号"郑毓煌"，即可加入书友群与作者郑毓煌教授交流，并向助教了解联合倡导者详情。

十大金句

01 自控力是成功的必要条件。自我控制＝自控力－诱惑。

02 我们无法选择出身，无法决定天赋，无法决定机遇，但可以掌握自控力。

03 成功的人和普通人之间最大的区别之一，就是能否控制自我、坚持努力。

04 要冲就冲到底，百分之百努力，不可半途而废。

05 远离诱惑，无欲则刚。

06 先努力学习和工作，获得优秀的成绩，再尽情享受。

07 如果把人生看作全局，自控力能确保人生的全局结果最优。

08 只有自律的人才能获得真正的自由。

09 锻炼可以提高自控力，一定要养成定期锻炼的习惯。

10 努力自控，适度享乐，拥有平衡而美好的人生。